Health & Well-being

Management of Dietary Life

건강과 웰빙 식생활관리

윤덕인

웰빙 녹색 식생활은 지역농수산물 소비와 촉진으로 식품산업을 육성하는데 기여하고, 국민건강증진과 환경개선에 기여할 것이다.

Profile

윤덕인(尹德仁)

가톨릭관동대학교 관광스포츠대학 조리외식학과 교수

세부전공 식품영양학, 식문화
학위논문 한국과 일본의 떡류 변천 발달에 관한 비교연구(중앙대학교 이학박사)
주요저서 호텔외식조리문화개론, 신광출판사, 2004
한국음식, 관동대학교출판부, 2005
일본음식, 관동대학교출판부, 2006
외식창업과 메뉴개발론 신광출판사, 2007
녹색건강음식개발론, 신광출판사, 2010
최신 식품조리과학, 신광출판사, 2013
최신 상차림과 메뉴구성개발, 지식인, 2015
공　　저 윤덕인 외, 제민요술, 민음사, 1993
윤덕인 외, 음식법, 아쉐뜨 아인스미디어, 2008
윤덕인 외, 한국조리, 파워북, 2011
윤덕인 외, 식품학, 지식인, 2014
한국일생의례사전, 국립민속박물관, 2014
맛격과학이 아우러진 한국음식문화, 교문사, 2015

건강과 웰빙 식생활관리

2016년 3월　5일 초판 1쇄 인쇄
2016년 3월 10일 초판 1쇄 발행

지은이 | 윤덕인
펴낸이 | 김종욱
펴낸곳 | 지식인
등록 | 제301-2013-134호
주소 | 서울시 도봉구 도봉로 476, 415호(삼성쉐르빌퍼스티)
전화 | 02)2266-8606 (대)
팩스 | 02)2266-8607
이메일 | jisikin2013@naver.com
홈페이지 | www.jisikinbook.co.kr

ISBN 978-89-98591-71-7 (93590)

값 17,000원

Health & Well-being

Management of Dietary Life

건강과 웰빙 식생활관리

Preface

2015년 OECD(경제협력개발기구, OECD회원국은 선진국)에서 발표한 한국인의 기대수명은 여성은 85.1세, 남성은 78.5세로 평균 81.8세이다. 통계청의 자료를 보면 한국인 평균수명이 1970년대보다 20년이나 더 오래 살게 되었다. 그러나 장수(長壽)의 기준이기도 한 '건강수명'을 기준으로 보면, 약 15년 정도를 아프면서 산다는 것이다. 그 기간동안 국가는 지속적인 의료보험 지급으로 세금지출이 많아지고, 개인은 당뇨병, 고혈압 등의 생활습관병 등에 시달린다.

생활습관병의 시작은 대부분 비만 때문에 생기며, 대표적 생활습관병인 당뇨병은 성인 3명 중 1명(대략 1,000만 명)이 당뇨의심환자군 또는 당뇨환자라고 한다. 당뇨병학회에서는 당뇨병 유병률(병에 걸려 있는 사람비율)이 2001년 8.6%, 2010년 10.1%, 2013년 11.9%로 증가하고 있으며, 2050년에는 591만명 정도로 '당뇨대란'이 올 것이라고 발표하였다.

그리고 한국인이 평균수명 80세까지 산다면, 3명 중 1명(34%)은 암에 걸린다는 것으로 조사됐다. 그러나 암에 관한 설문조사 결과, 응답자의 89%는 암은 유전적으로 암 발병률이 굉장히 높은 사람들만이 걸린다고 믿고 있으며, 80%의 사람들은 비유기 농작물Non-organically Grown Food에 남아있는 농약잔여물이나 산업공해와 같은 환경적 요인들이 암에 중요한 영향을 미친다고 답했다. 92%의 사람들은 담배와 암을 연관시켰다. 식생활이 암 발병에 굉장히 중요한 영향을 미친다는 사실을 알고 있는 사람들은 50%도 채 되지 않았다. 그러나 다행히도 발병률 이상으로 치료율도 높아져, 암환자 10명 중 6명은 암이 완치된다. 이처럼 암은 많이 걸리고 많이 낫는 '흔한 질병'이 된 것이다. 그러나, 주로 세포의 노화과정에서 돌연변이가 생겨 발생하기 때문에 나이가 들수록 암 발생확률은 높아진다. 최근의 암 급증은 고령시대의 산물이며 장수사회로 진입하는 과정에 생기는 필연적 현상이라고 할 수 있다.

이러한 현상은 어린 시절부터 지방 섭취가 많은 '패스트푸드세대'가 점차 성인이 되고 비만인구가 증가하면서 더욱 많아질 것이라고 예상된다. 생활습관병과 면역력, 식생활이 차지하는 비중이 그 어느 때보다 크다고 본다.

『건강과 웰빙 식생활관리』는 내 자신이 스스로 내 건강을, 가족의 건강을, 나아가 지구촌의 건강을 지킬 수 있다는 생각을 하고 웰빙Well-being과 장수(長壽), 로하스Lohas 건강을 유지하기 위해 식품과 식품군, 영양과 영양관리, 식단작성 등의 기본 건강유지 이론을 익히고, 비만에서부터 출발하여 고혈압, 동맥경화증, 심장병 등의 심혈관 질환, 당뇨병 등의 생활습관병을 예방하며 건강하게 관리할 수 있는 방법을 제시한다. 특히 식품과 영양, 운동 그리고 질병을 고려한 식단을 작성하여 실천을 권장하고 보건소, 체력증진센터 등에서 '인바디검사(체성분분석)'를 해 보도록 권장한다. 또한 정기적인 건강검진을 생활화하여 건강할 때 잘 관리하여 '행복한 100세'를 맞이하기를 바라는 마음이다.

현대의 새로운 트렌드 중 하나인 '녹색식생활'은 식품생산에서 소비까지의 과정에서 에너지와 자원의 사용을 줄이고 온실가스, 오염물질 배출을 최소화하는 식생활을 의미한다. 이는 식생활에서 기존에 중시하던 영양, 맛, 가격뿐만 아니라 환경, 식문화를 고려한 것으로, 푸드 측면과 문화적 측면으로 그 내용을 구분할 수 있다. 푸드 측면에서 녹색식생활은 친환경식품의 생산과 소비, 지산지소(地産地消) 로컬푸드의 생산과 이용, 슬로푸드나 제철음식의 이용 등을 말한다. 문화적 측면에서는 간소한 상차림, 남는 음식 줄이기, 전통식생활문화의 계승과 발전 등의 내용을 포함한다. 녹색식생활은 지역농수산물의 소비와 촉진으로 식품산업을 육성하는데 기여하고, 웰빙음식인 한식의 확산, 친환경농수산물의 소비촉진, 음식물 쓰레기절감 등으로 국민건강증진과 환경개선에 기여할 것으로 기대된다.

2016년 청송관 연구실에서

윤덕인

CONTENTS

CONTENTS

건강과 식생활관리

CHAPTER 01

 건 강

1) 건강의 개념

WHO(세계보건기구)는 1946년 뉴욕에서 개최된 '건강관련 국제회의'에서 건강Health의 정의를 "건강이란 단지 질병이 없거나 허약하지 않은 상태를 뜻하는 것이 아니고, 신체적 · 정신적, 그리고 사회적으로 완전하게 양호한 상태를 의미한다."고 하였다. ("Health has been defined as a state of complete physical, mental and social well-being and not merely the absence of disease of infirmity.")[1]

최근에는 기존 건강의 정의에 '영적건강Spiritual Wellbeing'을 추가하기로 하였는데, '영적건강'은 다분히 종교적 색채가 강하다. 이는 뉴욕 월스트리트에서 출세가도를 달리고 있는 여피Yuppie : Young Urban Professional의 머리글자를 따서 만든 신조어)보다, '세계에서 가장 가난한 방글라데시 사람들의 행복지수가 1위'라는 점이 '영적'으로 건강함을 나타내고 있다.

2) 건강식(균형식)

현대인들은 대부분 자신의 건강지수를 준건강상태에서 건강상태로 상향조절하고 싶어 한다. 이를 위해 운동 및 식사조절을 포함한 다양한 노력을 기울이고 있으며, 그 가운데 많은 사람들이 '건강식'에 대한 나름대로의 자기만의 환상을 가지고 있다.

그러나 건강식[2]은 '균형식Balanced Diet'을 의미한다. 매일의 식생활에서 신체가 필요로 하는 다양한 영양소의 균형이 양적인 면과 질적인 면에서 모두 잘 갖추어진 건강식을 실천하는 것은 여러 가지 식품을 골고루 섭취함으로써만 가능하다. 단일식품에 대한 과신 또는 특정식품의 초능력을 믿는데서 오히려 영양 불균형이 초래되고 건강

1 윤덕인, 『식생활문화관리 - 건강과 식품영양』, 청송출판사, 2002, p.135.
2 박태선 · 김은경, 『현대인의 생활영양』, 교문사, 2000, pp.3~4.

을 해치는 일이 종종 발생하기도 한다.

3) 건강식생활을 위한 ABCDE

- A : Adequacy of Diet(적절한 식사)
- B : Balance in Diet(식사의 균형)
- C : Calorie Control(에너지 조절)
- D : Diversity in Food Choice(다양한 식품선택)
- E : Exercise(운동)

02 한국인의 사망원인 변화

1) 평균수명의 변화

한국인의 평균수명은 1997년에는 남자 70.6세 및 여자 78.6세였다. 이는 20년 전과 비교하면 약 9세 이상 증가, 10년 전과 비교하면 4세 이상 연장된 수치이다. 이런 속도로 평균수명이 해마다 꾸준히 증가한다고 가정하면, 2030년에는 남 · 여 평균수명이 각각 75.4세, 82.5세가 될 것이다. 2011년 통계청의 한국인의 평균수명은 남자 77.6세, 여자 84.4세로, 앞의 예측자료 2030년의 평균수명을 앞서가고 있다.

2) 사망원인의 변화

1950년대 이후 한국인의 주요 사망원인은 궁핍한 식량사정과 낮은 생활수준으로 인한 영양섭취의 부족, 그리고 열악한 보건 및 위생환경 등으로 인해 1위는 폐렴 및 결핵이었다. 그러나 1970년대 이후부터는 각종 암, 순환계질환(고혈압, 뇌졸중) 등이 급증하여 점차 선진국의 사망원인과 유사해졌다.

2009년도 한국인의 사망원인을 보면, 남자는 암과 순환계질환이 총 사망원인의 23%, 22%로 가장 높다. 여자는 순환계질환에 의한 사망이 30%로 가장 높고, 암에 의한 사망은 17%로 그 다음이었다. 남·여 모두 사망원인은 순위는 달라도 암과 순환계질환이다.(표 1.1 참조)

표 1.1 국인 주요 사망원인의 만성질환(2008년)

질 환	전 체	남 자	여 자
암(악성신생물)	28.0	32.0	23.0
뇌혈관질환	11.3	9.9	13.2
심 장 질 환	8.7	7.8	9.8
당 뇨 병	4.2	3.8	4.6
간 질 환	2.9	4.2	1.3

자료 : 통계청, 2009.

2012년, 한국인의 3대 사망원인은[3] 암, 심장질환, 뇌혈관질환으로 총 사망자의 47.1%를 차지했다. 전년대비 심장질환의 순위(3위 → 2위)가 상승하고, 뇌혈관질환의 순위(2위 → 3위)가 하락했다. 전년에 비해 폐렴(19.3%)과 심장질환(5.5%)의 사망률이 늘고, 고의적 자해나 자살(-11.4%) 및 위암(-4.3%)의 사망률은 감소했다.

미국에서는 허혈성심장질환의 사망자수를 인구 10만 명당 약 200명으로 보고하고 있다. 이것은 한국의 사망률에 비해 5배에서 7배가 된다. 그러나 미국은 1979년부터 1998년까지 20년간 중풍 사망률은 40%나 줄었으며 허혈성심장질환 사망률도 37%나 감소시켰다. 전문가들은 미국과 캐나다 등 선진국에서 심혈관질환 사망률이 이처럼 감소한 것은 주로 식이요법, 금연, 운동 등 생활습관의 개선과 고혈압, 고지혈증의 효율적 치료 결과라고 지적하고 있다.

3 2012년 사망원인, 통계청.

식생활환경의 변화

1) 건강친화적 식생활지향

최근 우리나라 사람들의 평균수명4이 증가되었으나, 만성질환의 발병이 증가되면서 만성질환을 예방하고 건강한 삶을 추구하는 웰빙 식생활에 대한 요구가 높아지고 있다. 따라서 식생활에서도 건강지향적 건강기능식품의 소비가 많아지고, 식품의 영양성분과 생리활성분에 대한 관심이 커지고 있다.

2) 간편한 식생활

여성의 사회진출이 증가되고 가정에서의 식생활 의존도가 감소됨에 따라, 편의 위주의 간편한 식생활을 추구하는 경향이 증가되고 있다. 가공식품, 반조리식품, 주문식품 등의 이용 증가, 외식의 비율이 크게 높아지고 있다.

3) 환경친화적인 안전한 식생활 추구

먹을거리의 안정성에 대한 관심이 높아지면서 친환경농산물, 유기농식품, 지역에서 생산되는 로컬푸드의 수요가 증가되고 있다. 정부차원에서도 저탄소 녹색성장의 정책 하에 녹색식생활을 장려하면서 환경친화적인 안전한 식생활에 관한 관심이 높아지고 있다. '녹색식품인증제', '탄소성적표시제(제품 및 서비스 단위로 생산, 수송, 유통, 사용 및 폐기 등 전 과정에서 발생하는 온실가스 배출량을 산정하는 것)' 등이 생겨나게 되었다.

4 한국인의 평균수명은 1997년에는 남자 70.6세 및 여자 78.6세였다. 이는 20년 전과 비교하면 약 9세 이상 증가, 10년 전과 비교하면 4세 이상 연장된 수치이다. 이런 속도로 평균수명이 해마다 꾸준히 증가해간다고 가정하면, 2030년에는 남 · 여 평균수명이 각각 75.4세, 82.5세가 될 것이다. 그런데 2008년 말 기준 통계청자료를 보면, 한국인의 평균수명은 남자 76.5세, 여자 83.3세로 평균 80.1세이다. 앞의 예측자료 2030년의 평균수명을 앞서가고 있다.

4) 식생활문화의 융합화

오늘날 세계가 하나의 지구촌으로 상호교류가 활발해지면서 다른 문화권의 음식에 관심이 많아지게 되었다. 따라서 동양과 서양음식이 각각의 장점은 살리고, 단점은 서로 보완하면서 전통적 음식보다 우수한 새로운 퓨전음식이 개발되고 식생활문화의 융합현상이 일반화되었다. 또한 다문화가족이 증가하면서 다른 나라 음식문화가 자연스럽게 유입되었으며, 서로의 식문화에 대한 장점을 받아들여 새로운 형태의 식생활로 변하되고 있다. 국가정책적으로는 우리 음식문화의 우수성을 세계에 알리고 진출하기 위해 한식세계화 사업도 추진되고 있다.

 식생활관리의 개념과 목적

1) 식생활관리의 개념

우리가 일생을 살면서 가장 기본적으로 관심 있게 생각하는 것은 인간의 안녕과 복지, 그리고 건강한 생활을 할 수 있기를 바라는 것이다. 이것을 성취하기 위해서는 평소의 생활가운데 먹는 것에 관한 식생활과 가장 밀접한 관계가 있다.

식생활관리食生活管理, Meal Management는 인간이 생명을 유지하고 건강하게 지낼 수 있도록 하기 위해 영위되는 식생활 전반에 관계되는 여러 요소 - 영양필요량과 식습관(영양, 식품, 건강), 식비의 예산과 식단계획, 식품의 선정과 구입방법, 조리법과 상차림, 식사예법 등-에 관한 의사를 결정하고 지도하는 행위이다.

이상적인 식생활관리를 하려면, 이들 여러 요소를 적절하게 종합하여 개개인에 맞는 하나의 구성체를 이루도록 하고, 실제생활에 적절하게 부합될 수 있도록 해야 한다. 그러므로 식생활관리는 식품과 영양에 관한 지식과 실제적인 식품선택과 조리기술 등을 기본으로 하여 돈, 시간, 인력, 설비와 용구 등에 관한 조건을 참작하면서 사람들의 요구를 충족시킬 수 있도록 식사의 내용이 구체적으로 제시되어야 한다.

2) 식생활관리의 목적

현대에는 식생활관리가 개인이나 가정의 범위를 넘어 학교, 병원, 각종 산업체, 복지기관 등으로 점차 확대되고, 요식업이 전문화되어서 외식산업이 발달하는 등 식생활관리의 현장이 가정 밖으로 확장되고 있다. 따라서 현대의 식생활관리는 개인, 가정, 사회가 상호관련성을 갖고 대처해야 한다. 즉 모두가 소비자의 입장에서 시판되고 있는 식품의 품질과 가격 등에 관하여 주관과 이성을 가지고 판정하고 식량시책에 대해 바르게 평가하여 선도할 수 있는 새로운 지식과 자질을 갖추고 식생활관리에 참여해야 한다.

식생활관리의 목적은 ① 건강을 고려한 영양상 균형을 이룬 식사계획, ② 경제적으로 합리적인 식사내용 구성, ③ 기호와 식습관에 유의한 식사계획, ④ 시간과 에너지소비가 조화된 식사계획 등이다.

건강을 고려한 영양상 균형을 이룬 식사계획을 세운다는 것은 우선 신체적으로 좋은 영양상태를 지속하여 활력 있는 생활을 계속하게 하는 것이다. 우리들은 매일 3끼 식사에서 필요한 영양소를 섭취하고 있으므로 체력유지나 건강증진이 평소의 식사내용에서 좌우되고 있다. 매일 섭취하는 식사내용이 영양상 균형을 이룰 수 있도록 식품을 배합하여 식단을 계획하고 조리과정에서 영양소가 손실되지 않도록 조리과학의 이론을 적용하여 맛있는 식탁을 꾸미는 일이 중요하다. 그러나 우리는 영양상 균형을 이룰 수 있는 식사계획이란 영양권장량營養勸奬量, Dietary Allowances, 현재는 '영양섭취기준'이라고 함에 맞추어 필요한 식품량을 적어서 넣는 식단표로서 성취되는 것이 아님을 인식해야 한다.

Robinson은 기호의 성향과 음식의 수용도에 대해 "You can lead a horse to water but you can not make him drink"라고 말하였듯이, 영양권장량의 수치상으로는 이상적인 식사계획이라도 그것이 먹는 사람에게 즐겁게 받아들여지지 못한다면 결국 가치 없는 것이 된다.

식생활관리자는 개인이나 집단이 지니고 있는 음식에 대한 관습이나 요망 등을 영양권장량에 종합적으로 조화시켜야 비로소 인간에게 도움을 줄 수 있다. 끝으로, 개개인 모두가 식생활관리자가 되는 일이 중요하다. 즉 각자가 식사시간, 밖에서 먹은 식사의 내용 등에 항상 유의하여 불규칙적으로 흐르지 않도록 하고 운동량, 수면시간 등 일상생활을 질서있게 관리하여 좋은 영양상태와 건강을 유지할 수 있도록 해야 한다.

건강정보

한국인을 위한 식사지침(영양권장량, 2010년 9차 개정)

1_ 다양한 식품을 골고루 먹자.
2_ 정상체중을 유지하자.(남자 173~65.8 / 여자 160~56.3)
3_ 단백질을 충분히 섭취하자.
4_ 지방질은 총열량의 20% 정도를 섭취하자.
5_ 우유를 매일 마시자.
6_ 짜게 먹지 말자.
7_ 치아건강을 유지하자.
8_ 술, 담배, 카페인음료 등을 절제하자.
9_ 식생활 및 일상생활의 균형을 이루자.
10_ 식사는 즐겁게 하자.

건강정보

한국인을 위한 식생활목표(2009)

1_ 칼슘, 철, 비타민 A, 비타민 C, 리보플라빈의 섭취를 늘린다.
2_ 지방은 연령층에 적절한 범위 내에서 섭취한다.
3_ 소금은 1일 5g 이하로 섭취한다.
4_ 에너지 섭취는 신체활동량과 균형을 이룬다.
5_ 건강체중을 유지한다.
6_ 건전한 식생활을 유지한다.
7_ 전통 식생활을 발전시킨다.
8_ 식품을 위생적으로 관리한다.
9_ 음식의 낭비를 줄인다.
10_ 알코올섭취량을 1일 14g 이하로 제한한다.

 식생활관리의 목표

바람직한 식생활관리의 일반적인 목표는 최소한 다섯 가지로 나눌 수 있다. 첫째, 영양학적으로 적합한 식사이다. 둘째, 가계의 경제적 상태를 고려하여 식품비 지출을 합리적으로 계획하는 것이다. 셋째, 기호를 고려한 식사를 계획하는 것이다. 바람직하지 못한 기호를 가진 경우에는 이를 개선하기 위한 노력을 병행해야 한다. 넷째, 위생적으로 안전한 식사이다. 다섯째, 시간과 에너지 사용에 맞추어 식사를 계획하는 것이다. 이렇게 다섯 가지 목표를 충족시킨다면, 건강하고 즐거운 식사를 할 수 있는 바람직한 식생활관리가 가능할 것이다.

1) 영양면

식생활관리의 첫째 목표는 가족구성원에게 우수한 영양을 공급하여 건강을 유지하도록 하는 것이다. 또한 여러 가지 영양소를 균형있게 섭취하는 것이 매우 중요하다. 오늘날 편의주의 식생활의 선호현상은 가공식품의 남용과 패스트푸드의 섭취 증가를 통해 잘못된 식습관 형성으로 이어져 영양섭취에 심각한 불균형을 초래하고 있다.

(1) 영양섭취기준의 활용

가족구성원의 영양을 충족하는 식사계획을 위해서는 한국인 영양섭취기준(표 3.4 참조)을 활용할 수 있다. 한국인 영양섭취기준 중에서 평균필요량은 개인의 영양섭취 목표로는 사용하지 않는다. 개인의 영양섭취 목표는 상한섭취량 미만으로, 그리고 권장섭취량 또는 충분섭취량에 가깝게 하는 것이다. 집단의 영양섭취 목표는 섭취량이 평균필요량 미만인 사람의 비율과 상한섭취량 이상인 사람의 비율을 최소화하는 것이다.

권장섭취량은 집단의 식사목표로 사용하지 않으며 집단에 있어서 섭취량의 중앙값이 충분섭취량이 되도록 하는 것을 목표로 한다. 영양섭취기준은 에너지와 영양소 섭취량에 대한 기준을 나타내기 위한 것이지만, 활용 시에 언제나 모든 영양소를 고려해야 하는 것은 아니다.

평균필요량, 권장섭취량, 충분섭취량에 대해서는 건강유지와 성장에 꼭 필요한 영양소를 우선적으로 고려해야 한다. 만성질환의 예방차원에서 영양섭취기준이 책정된 영양소는 대상자 개인에 대해 별도로 고려해야 할 필요가 있는 경우에 적절한 섭취가 되도록 계획해야 한다.

2) 경제면

가정에서 식품비의 부담은 건강한 식사의 장애요인이 될 수 있다. 특히 구매력에 제한이 있는 저소득층의 경우, 식생활에 대한 과학적인 관리가 이루어지지 않으면 건강상의 문제를 초래할 수 있다. 서구선진국과 같이 경제수준이 높은 나라에서 나타나고 있는 비만 등 에너지섭취 불균형에 의한 영양문제도 저소득층의 질병으로 전환되고 있는 실정이다. 이는 저소득층의 구매력 제한이 비용이 적게 드는 고에너지 식품 선택의 가능성을 높이기 때문이다. 그러나 가정의 경제적 형편을 고려하더라도 현명하게 식생활관리를 할 수 있는 능력과 정보를 활용한다면 가족의 기호와 영양을 충족시킬 수 있는 식생활을 계획하는 것이 가능하다.

3) 기호면

식생활관리 목표 중의 하나는 기호에 맞는 맛있는 식사를 할 수 있도록 하는 것이다. 아무리 영양이 풍부한 식사라 하더라도 맛이 없으면 음식을 잘 먹지 않게 된다. 그러나 영양이 풍부한 식사이면서도 각 개인의 기호에 적합한 식사를 구성하는 것은 쉬운 일이 아니다. 기호는 성별, 연령, 건강상태, 개인이 처한 환경에 따라 항상 변화될 수 있기 때문이다. 영양적으로 양호한 식사를 할 수 있으면서도 개인의 기호를 만족시킬 수 있는 식생활관리 목표를 달성하는 것이 중요하다. 음식을 먹을 때 식품 기호에 영향을 미치는 관능적 요인에는 음식의 색, 질감, 향미와 전체적인 맛이 있다.

(1) 색

식품의 색은 향, 맛 등과 식욕에 영향을 미치는 요소이며, 식품의 신선도와 품질을 평가하는 기준이 된다. 우리가 일상생활에서 늘 접하는 음식들은 다양한 색채들로 이루어져 있는데, 이 색채들은 인간의 식욕에 여러 가지 영향을 주고 있다. 일반적으로 밝고 따뜻한 색은 달콤한 것을 연상시켜 음식이 더 맛있어 보이게 하고, 탁하고 차가운 색은 쓰고 떫은맛을 연상시켜 음식의 맛을 감소시키는 역할을 한다.

시각적으로 맛이 있어 보이는 식사를 만들려면, 각 식품의 색이 잘 배합되도록 고려하는 외에 식사의 전체적인 색이 아름답게 조화를 이루도록 해야 한다. 또한 음식을 담는 그릇의 색과 모양에 의해서도 음식의 맛과 특성이 살아나기도 하고, 감소되기도 한다.

식단을 구성할 때 식품의 색이 다양할수록 영양적으로도 균형이 잡힌다. 음식을 먹을 때 기초식품군을 골고루 이용하고, 다양한 색의 채소와 과일을 사용하여 식단을 구성하면 식품에 대한 기호도 높아지고 영양소의 균형도 훨씬 좋아진다.

(2) 질감

식품의 질감은 촉감에 관계되는 것으로서 식품의 물성, 구조적 특성과 이것을 생리적으로 느끼는 결과라고 할 수 있다. 질감에 대한 관능평가는 소비자의 기호도를 반영할 수 있다.

(3) 향미

식품의 맛을 보기 전에 냄새를 맡음으로써 먹고 싶다는 충동을 느끼게 된다. 특히 식사시간이 가까워지면 냄새는 식욕을 더 자극하게 된다. 냄새는 맛을 연상시킬 뿐만 아니라 신선도를 판별하는 데에도 중요하다.

(4) 맛

식품은 각각 고유한 맛을 가지며, 이는 식품에 대한 기호와 밀접한 관련이 있다. 식품의 맛은 단맛, 신맛, 쓴맛, 짠맛으로 분류되지만 매운맛, 떫은맛 등의 특성으로 표현되기도 한다. 식단을 작성할 때 맛에 대한 원칙은 밥, 빵, 육류, 채소 등의 순한 맛을 먼저 맛보게 하고 생선, 향신료가 들어간 음식 등의 강한 맛을 나중에 제공한다.

4) 위생면

안전한 식사를 제공하기 위해서는 식품을 위생적으로 취급해야 한다. 미생물에 의한 식중독을 예방하기 위해 식품을 안전하게 관리하는데 있어서, 가장 중요한 것은 식품의 시간과 온도관리이다. 박테리아가 증식하기 적절한 온도에서는 우리가 볼 수도 없고, 냄새도 맡을 수 없는 박테리아가 몇 시간만에 수백만 배로 증가하여 병을 일으킨다.

「식품위생법」 제2조에 의하면, 식중독은 식품의 섭취로 인해 인체에 유해한 미생물 또는 유독물질에 의해 발생하였거나 발생한 것으로 판단되는 감염성 또는 독소형 질환으로 정의하고 있다.

2009년의 경우, 세균성 식중독환자를 많이 발생시킨 원인균은 병원성 대장균, 포도상구균, 클로스트리디움 퍼프리젠스였고, 바이러스성 식중독환자는 노로바이러스에 의한 경우가 가장 많았다.

5) 시간과 노력면

식생활관리에 소요되는 시간과 노력은 식단의 계획, 식품구입, 식사준비, 식사 뒤처리단계에 이르기까지 모두 관련된다. 시간과 노력이 필요한 식생활관리는 식단계획, 시장보기 계획, 시장보기, 식품관리 및 저장, 식사준비 및 조리, 상차림, 식사 후 뒤처리, 주방설비 관리 등이다.

건강정보

우리가 흔히 먹는 음식의 열량(밥 1공기 300)

닭튀김 1마리 2,600㎉, 삼겹살 200g 650㎉, 감자튀김 중 220㎉, 달걀 1개 80㎉, 두부 100g 80㎉, 피자 레귤러 2조각 500~800㎉, 자장면 1그릇 650㎉, 라면 1그릇 500㎉, 햄버거 주니어 340㎉, 떡볶이 1컵 250㎉, 김치 1인분 10㎉, 우유 200㎖ 120㎉, 콜라 1컵 80㎉, 바나나 1개 80㎉, 귤 1개 50㎉, 사과 1/2개 60㎉, 토마토 1/2개 70g 10㎉, 고구마 중 1/2개 120㎉, 감자 중 1개 90㎉

웰빙과 장수

CHAPTER 02

01 행복한 100세

최근 한 설문조사에 의하면, 전국 1,200명 응답자의 40% 이상이 100세까지 사는 것을 축복이 아닌 재앙이라고 답했다고 한다. 길어진 생(生)에 대한 기대감보다 불안과 걱정이 앞서기 때문이다. 불안을 느끼는 가장 큰 이유 중 하나는 건강이다. 노년에 각종 암 및 심·뇌혈관질환과 같은 중증질환에서부터 고혈압·당뇨 등 만성질환에 이르기까지 질병 발생률이 높아지고 있기 때문이다. 이러한 질환은 개인의 삶의 질 저하뿐만 아니라 노동가능 인구의 감소, 의료비용의 증가라는 사회적 문제로까지 이어진다. 지금의 나는 건강하다하여도 5년 후 10년 후 또는 100세까지의 내 건강을 장담할 수는 없기 때문이다.

예로부터 100세는 '상수(上壽)'라고 하는데, 이는 '병 없이 하늘이 내려준 나이'를 뜻한다. 100살까지 산다는 건 그만큼 극히 드문 경우였다. 최근 통계청에서 발표한 '100세 이상 고령자 조사 집계결과'에 의하면, 지난해 11월을 기준으로 국내 100세 이상 고령자는 2005년에 비해 두 배 가까이 늘어난 1,836명에 달한다. 경제발전 및 의료기술의 진화, 보건위생 의식의 향상에 힘입어 '100세 시대'가 열린 것이다.

독일의 시사평론가 '한네로레 슐라퍼'는 『노년의 미학』에서 "실상 노년이란 개념은 없으며, 어떤 사람이 나이가 들어서 더욱 행복하다면, 그 사람은 젊은 사람으로 보아야 한다."고 말한다. 적극적으로 자신을 관리하고 스스로 삶의 질을 향상시키려는 노력을 해야만 행복한 100세를 맞이할 수 있다.

02 장수촌과 장수비결

통계청에 따르면, 지난해 11월 기준 만 100세 이상 인구는 1,836명 중 여성이 86.1%(1,580명)로 절대적으로 많았다. 지역별로는 경기도 360명(19.6%), 서울 270명(14.7%), 전남 163명(8.9%) 순이었다. 시·군·구별로는 전북 장수군에 장수노인이 가장 많이 살았으며, 전북 임실군, 전남 곡성군, 전남 강진군이 뒤를 이었다.

100세 이상 고령자 중 96.8%(1,777명)가 배우자와 사별했으며, 44명만이 배우자와 함께 살고 있었다. 100세 이상 고령자들은 몸에 좋은 음식보다 ① 소식을 즐겼고, ② 운동을 꾸준히 했다. 선호식품은 채소류(67.5% · 복수응답), 육류(47.2%), 어패류(32.8%) 등 채소위주의 건강한 식단을 즐겼다.

반대로, 싫어하는 식품은 밀가루음식이 394명(35.6% · 복수응답)으로 가장 많았으며, 육류(35.1%), 견과류(34.5)가 뒤를 이었다. 또 음주와 흡연을 전혀 하지 않는 고령자가 57.9%로 조사됐다. 통계청은 '채소위주의 절제된 식습관과 금주, 금연이 장수의 비결'이라고 밝혔다.

낙천적이고 긍정적인 성격도 장수비결로 꼽혔다. 화를 전혀 내지 않는 고령자가 전체 조사자 중 609명(41.4%)에 달했다. 현재 삶에 만족하는 정도를 묻자, 871명(59.5%)이 '행복한 편'이라고 답했다. '매우 불행하다'고 응답한 고령자는 73명(5.0%)뿐이었다.

세계 10대 장수촌은 ① 일본 오키나와, ② 중국 루가오, ③ 중국 바마, ④ 파키스탄 훈자 등 아시아의 4곳과, ⑤ 이탈리아 샤르데냐, ⑥ 이탈리아 캄포디멜레, ⑦ 프랑스 남부, ⑧ 불가리아 로도피산맥 주변 등 유럽 4곳, 아시아와 유럽의 중간에 위치한 ⑨ 그루지야 캅카스, ⑩ 남미 에콰도르 빌카밤바 등으로, 이들 장수촌을 답사한 결과 얻은 장수비결[1]은 다음과 같다.

오키나와의 장수인은 대표적인 소식주의자다. 남성노인은 하루에 평균 1,400㎉, 여성노인은 1,100㎉를 섭취한다. 이는 우리나라 65세 이상 노인의 필요열량 추정량(남성 2,000㎉, 여성 1,800㎉)에 비해 확실히 적다. 즐겨 먹는 채소, 과일, 두부, 현미, 해조류 등도 저열량식품이다. 또한 오키나와 노인은 여가시간에 게이트볼을 즐긴다. 햇빛을 많이 쬐고 운동을 꾸준히 하는 것도 장수비결이다.

중국 루가오의 노인은 아침, 저녁으로 죽을 먹는다. 그러나 점심에는 밥을 먹어 생활에 필요한 열량, 단백질을 보충한다. 이들의 단백질 공급원은 닭고기이다.

파키스탄의 훈자마을은 히말라야산맥의 해발 2,500m 고지에 위치한 마을로, 주변

1 거친 음식에 장수비결 있다. 이원종, 세계 10대 장수촌 답사, 중앙일보 2009년 12월 21일자.

에는 라카포시, 디란, 울타르 등 7,000m급 설산들에 둘러싸여 있다. 먹을 것이 부족하여 조사원들이 일주일을 머무는 동안 한 번도 배불리 식사한 기억이 없었다고 한다. 아침엔 전통음식인 차파티(밀가루를 반죽해서 만든 납작한 빵)와 차이(차), 점심엔 소량의 훈자빵, 살구, 오디, 저녁엔 극히 적은 양의 닭고기나 전통음식을 먹는 것이 전부였다. 그리고 훈자의 노인은 정제, 가공되지 않은 거친 곡물과 감자, 시금치, 양배추 등을 즐겨먹는다. 주식인 차파티는 거칠게 빻은 보릿가루나 밀가루를 반죽한 뒤 납작하게 해서 불에 구운 것이다. 거친 음식에는 식이섬유가 풍부해서 만병의 근원인 비만, 변비를 예방하고 혈중콜레스테롤 수치를 낮추어준다.

이탈리아 사르데냐의 장수비결에 대해 의학 통계학자 잔니 페스박사는[2] 5년 동안 사르데냐에 사는 100세가 넘는 장수노인 1,000명의 삶을 추적 조사한 결과를 1999년 프랑스 몽펠리에에서 열린 '국제장수컨퍼런스'에서 발표했다.

실라누스마을에서 102세인 주세페 무라를 만났는데, 그는 65세인 딸 마리아, 그리고 그녀의 가족과 살고 있었다. 아들 조반니는 잠깐 다니러 왔다. 할아버지는 보통 하루에 16시간씩 밭을 경작하거나 목초지에서 양을 관리하면서 꾸준히 일을 했다. 점심때가 되면 집에 와서 밥을 먹고 낮잠을 잔 다음, 오후 늦게 한두 시간 정도 마을 광장에서 친구들과 시간을 보냈다. 그리고 다시 밭으로 돌아가 어두워질 때까지 일을 했다. 자식 8명을 키우는데 신경을 쓴 적은 없었다. 양육과 모든 집안일을 아내에게 맡겼다. 할아버지는 주로 잠두, 페코리노Pecorino치즈, 빵, 고기를 먹는다. 고기는 구하기 힘들었다. 그리고 매일 사르데냐 와인을 대략 1리터씩 마셨다.

샤르데냐의 장수비밀은 주식은 콩, 통곡물, 염소젖(염소가 먹는 풀에 항염증 및 살균성분이 추출됨. 따라서 염소젖에도 포함)과 페코리노 치즈, 칸노나우 포도주, 프랜킨 센스(유황 오일, 허브)의 섭취와 가족을 우선으로 생각하며, 노인을 공경하고, 친구들과 웃고 지내며, 하루 8㎞ 이상을 걷는데 있다고 했다.

에콰도르의 빌카밤바는 주민이 1,000명도 채 되지 않는 외부와 완전히 고립된 조용하면서도 고즈넉한 마을이다. 이 마을의 장수비결은 "깨끗하고 미네랄이 풍부한

---

2 댄 뷰트너 지음, 신승미 옮김, 『세계장수마을 블루존』, 살림, 2009, pp.42~83.

물"이라고 말한다. 만당고계곡에서 흘러나오는 물에는 골격 구성에 중요한 마그네슘, 망간이 풍부하다. 또 칼슘과 인의 비율이 이상적이어서 뼈를 튼튼하게 해준다고 한다. 이곳 장수인이 즐겨먹는 음식은 콩과 닭고기다. 동물성식품이 드물어서인지 기니피크(남미 페루가 원산인 고슴도치과 동물)를 먹기도 한다. 허브차를 즐겨 마시고 감자처럼 생긴 유카(마의 일종)를 이용해 떡, 술, 과자를 만들어 먹는다.

그루지야인은 유전적으로 튼튼하게 태어났다고 한다. 작고 땅딸하며 혈액형이 O형인 사람이 장수하는 것으로 알려져 있다. 그루지야의 캅카스(2008년 6월 말)에서 장수전문가인 라지하르 박사를 만났는데, 그는 "장수엔 유전적 요인이 80%, 환경적 요인이 20% 작용한다."며 "특히 혈액형이 장수에 중요하다."고 하였다. 과학적으론 불충분하지만 흥미로운 설명이다.

캅카스인은 유산균 발효유를 많이 마시기로 유명하다. 카즈베크산 아래에 위치한 티아네티마을에서는 마초니(염소, 양, 소의 젖을 발효시킨 음료)를 물처럼 마셨다. 마초니는 주민의 동물성 단백질과 칼슘 공급원이다. 장수촌과 장수비결을 요약하면 다음과 같다.

표 2.1 장수촌과 장수비결

장수촌	장수비결
일본 오키나와	소식, 저열량식사, 삶은 돼지고기, 세계 최장수 국가의 최장수 마을
중국 루가오	소식, 축복받은 자연환경
중국 바마	산차유, 화마유 등 오메가3지방, 원시의 산골마을
파키스탄 훈자	차파티 등 거친 음식, 접근하기 힘든 고산지대
이탈리아 사르데냐	포도주, 통밀빵, 남성이 장수하는 섬
이탈리아 캄포디멜레	돌계단을 매일 오르는 활동력, 친밀한 인적 교류, 영원히 젊은 마을
프랑스남부 카오르	적포도주, 프렌치 패러덕스의 고향
불가리아 로도피 산맥	요구르트, 소박한 식탁, 깊은 산속에 위치한 장수마을
그루지야 캅카스(코카서스)	유산균 발효유, 매력적인 전통음식
에콰도르 빌카밤바	깨끗한 물, 신성하고 고요한 마을

지중해식과 전통식

1) 지중해식

1950년대와 1960년대에 영양학분야의 선구자인 '앤슬 키즈Ancel Keys'와 그 동료들은 7개국에서 서로 다른 16개집단의 식사패턴을 연구하였다. 식이와 심장병의 연관성에 대한 최초의 주요 연구였다.[3]

가장 흥미로운 결과 중 하나는 크레타Crete와 그리스의 다른 지역, 그리고 이탈리아 남부에 사는 사람들은 비교적 제한된 의료시스템 또는 의료혜택에도 불구하고, 성인의 기대여명Life Expectancy이 상당히 높았으며, 심장병과 다른 암의 발병률이 매우 낮았다는 사실이다.

그 당시 이 지중해지역 국가의 전통적 식이는 대부분 과일과 채소, 빵, 다양한 전곡으로 거칠게 빻은 곡물가루, 콩류, 견과류 그리고 씨앗류 등의 식물성식품들이었으며, 올리브유는 식이지방의 주요공급원이었다. 정기적으로 치즈와 요구르트 등의 유제품을 먹었으나 많은 양을 먹지 않았다. 생선, 가금류 그리고 붉은 육류는 특별한 경우에만 먹었고 매일 먹는 음식은 아니었다. 그리고 주로 남자들은 종종 포도주를 마셨으나 주로 식사를 하면서 마셨다.

'키즈'는 지중해식 다이어트가 그 지역의 심장병 발병률을 낮추는 중요한 이유라고 결론지었다. 1960년대 미국에서는 심장병 발병률이 최고조에 달했는데, 이에 충격을 받은 '키즈'와 그의 아내 '마가렛'은 여러 권의 베스트셀러 책을 통해 지중해식 다이어트를 홍보하였다. 그 후 미국에 사는 사람들이 지중해 생활습관의 주요 요소들을 시도했을 때 많은 질병위험률이 낮아졌다는 것을 보고하였다. 심장병 발병률이 식이와 생활습관의 변화에 의해 최소한 80%까지 감소될 수 있다는 것을 증명하였다.

그러나 지중해식 다이어트가 절대적으로 완벽한 것은 아니다. 그것은 올리브나무의 성장에 유리한, 따뜻하고 건조하지 않은 기후에 의해 부과된 농업적 필요성으로부

3 월터 C. 웰렛 지음, 손수미 옮김, 『하버드 메디컬 스쿨이 차려주는 웰빙푸드』, 동아일보사, 2004, pp.269~272.

터 우연히 진화된 것이었다. 전통적인 일본식 다이어트도 어떤 면에서는 상당히 건강한 것이 될 수 있다. 옥수수, 콩, 그리고 채소를 강조하는 라틴아메리카 다이어트도 건강한 식생활의 또 다른 본보기라고 할 수 있다.

2) 전통식

전통적 식이들은 그들을 형성한 문화 속에서는 건강의 혜택을 제공해왔다. 우리의 경우도 '한식세계화'의 기본배경에는 건강식, 발효식품, 슬로푸드의 개념이 들어 있고, 육류를 제한한 사찰음식 또한 건강식으로 각광받고 있다. 그리고 소식과 운동, 여유로움을 병행한다면 이 또한 건강식이다.

조선 중기에 형성된 우리의 '반상차림'을 보면 3첩반상의 경우 밥, 국, 김치와 무생채, 미나리나물, 생선구이(생선 조림) 또는 너비아니(고기구이)로 구성된다. 5첩반상의 경우에는 여기에 찌개와 김치가 하나 더 놓이고, 반찬은 호박전이나 북어보푸라기 등 전과 마른반찬이 더해져 그 식사 구성의 완성도가 높다고 본다. '비빔밥', '국밥'의 경우도 한그릇 음식이나 여러 가지 재료가 다양하게 쓰여 영양상 조화를 이룬다.

앞에서 일본식이의 바람직한 면을 언급하였으나, 일본에서는 뇌졸중이 높은 비율로 나타나는데, 이는 전통적인 식이의 어떤 측면, 아마도 지방 및 단백질 섭취가 적은 반면, 탄수화물과 소금의 섭취가 많다는 점이 주목되고 있다. 이런 점을 우리나라의 경우에 고려해보면, 우리도 국물음식이 많고 발효식품 등 저장식이 많은 점, 그리고 간이 짠 부분 등을 앞으로는 절제하고, 건강에 좋은 점들은 계승해야 한다.

04 단명지역에서 장수지역으로 된 나가노현

일본 나가노현[4]은 최근 20년 동안 단명지역에서 장수지역으로 탈바꿈한 곳이다.

4 100세를 사는 사람들 : 세계의 장수마을 日 나가노 현지취재(1), 조선일보 2003년 1월 23일자, A14면.

나가노현이 장수지역으로 부상한 것은 1990년대 이후이다. 1970년대 후반까지만 해도 평균수명이 60대 중반이어서 단명지역이란 불명예를 가지고 있었다.

나가노현은 일본 혼슈(本州) 중앙부 산악지대에 위치하고 '일본의 알프스'로 불리는 지역으로, 1998년 동계올림픽이 열려 세계적으로 알려졌다. 눈이 많고 추운 산악지역으로 대다수 장수지역이 온난한 기후에 속한다는 사실을 감안할 때 나가노현은 이례적인 경우로, 의학적 연구대상이 되고 있다.

부유하지도 않은 추운 산골마을 나가노현 사람들의 평균수명이 과거에 비해 증가한 것은 와카스키 도시카쓰(若杉壽勝, 92)와 이마이 기요시(今井燈, 2002년 10월 작고)라는 의사들이 나가노현 농민 속에서 의료 및 생활개선 운동을 활발하게 펼친 때문이라 한다. 간단한 치료만 받아도 목숨을 건질 수 있는 수많은 농민들이 죽어가고, 의사 한 번 만나기가 하늘의 별따기인 현실을 개선시킨 결과라고 한다.

와카스키 씨는 1945년부터 병원 직원들을 설득하여 의료도구를 버스에 싣고 나가노현 구석구석을 다니기 시작했다. "고령자들은 가벼운 폐렴증세로 사망하는 경우가 많다."며, "기초적인 건강검진만으로도 평균수명을 연장할 수 있다."고 말했다. 이마이 원장 또한 매월 와카스키 씨를 만나 지역의료 활동을 했다. 환자를 찾아다니며 치료한 이들 덕분에 나가노현은 재택치료가 일반화됐다. 나가노현의 노인 1인당 병원 치료비와 자택 사망자 비율은 일본 46개 현 가운데 가장 양호할 정도로 의료 환경이 개선되었다.

와카스키 씨는 1959년 일본 최초로 20세 이상 마을 전주민을 대상으로 종합건강검진을 실시했다. 이는 1983년 일본의 「노인건강법」The Law for Health of The Aged의 탄생으로 이어졌으며, 이후 일본국민들은 1년에 한 번 의무적으로 종합건강검진을 받게 되었다.

와카스키 씨는 나가노현엔 뇌졸중 등 뇌혈관계 질환으로 인한 사망자가 많다는 사실에 주목하고, 추운날씨와 짜게 먹는 식습관이 뇌혈관계 질환의 원인이라고 판단, 생활습관 개선운동을 전개했다. 마을회관을 찾아다니며 '싱겁게 먹기'운동을 펼쳤다. 이 덕분에 1960년대 20g이 넘던 나가노현 주민들의 1일 염분 섭취량은 1990년대엔 10g으로 줄었다. 이곳의 스케모노(반찬용 조림채소)는 도쿄보다 훨씬 싱거웠다. 또 '한 방에 모여 자기'운동을 전개했는데, 방 하나라도 난방을 제대로 하여 따뜻한 방에서 숙면을 하도록 하였다. 특히 노인들에겐 추운 날 갑자기 바깥에 나가지 말 것을 충고했다. 혈관이 갑자기 수축하여 뇌졸중을 일으킬 수 있기 때문이다. 이러한 결과들이 축적되어 장수마을로 다시 태어나게 되었다.

건강정보

일본 대지진, 도쿄 수돗물에서 미량의 방사성 요오드 검출 보도

방사성 세슘, 방사성 요오드 등 방사성 물질은 암·노화의 주범으로 알려진 활성(유해)산소5를 대량으로 만들어내 세포의 돌연변이를 일으켜 암을 유발한다.

1_ 방사성 요오드 : 인체에 흡수될 경우, 호르몬 생성과 신진대사를 조절하는 갑상선에 축적되어 암을 유발할 수 있다. 그러나 방사성 요오드의 반감기는 8일로 짧으며 "갑상선암의 위험을 줄이기 위해 요오드 보충제를 함부로 먹어서는 안 된다. 부작용 가능성이 있다." 요오드 과다복용 – 태아, 모유 먹는 아기 – 갑상선기능저하증 걸릴 수 있다. 단, 방사성 요오드에 노출되었다면 예방과 치료가 반드시 필요하다. 특히 12주 이상의 태아, 소아, 청소년들은 방사선 취약자들로 갑상선암 발생이 우려되고, 일반적인 갑상선암에 비해 방사선으로 인한 갑상선암은 악성도가 더 높다고 한다. 이 경우 요오드화칼륨(Potassium Iodide; KI)이 효과적이다. 노출 후 빨리 4~6시간 이내에 투여가 바람직하다. KI는 요오드 동위원소의 방사선으로 인한 갑상선의 보호에만 효과가 있다. 즉 다른 종류의 방사선 노출에는 효과가 없다.
중국에서 소금 사재기가 유행 – 식염성분 중 요오드화칼륨 때문인데, KI 함량은 매우 낮다. 소금을 먹어 방사능을 예방하려면 매일 3kg(세계보건기구 권장량은 하루 5g)의 소금을 먹어야 한다. 심장병과 고혈압이 위험하다.

2_ 세슘 : 우라늄의 핵분열과정에서 생기는 방사능의 주성분이다. 세슘–137은 자연상태에는 존재하지 않고, 반감기(방사선량이 절반으로 주는 기간)는 약 30년이다. 세슘–137은 강력한 감마선, 암세포 죽이므로 자궁암 치료에 사용된다. 그러나 건강한 세포가 방사선에 노출되면 정상세포가 암에 걸리기도 한다. 방사성 세슘 제거약 – 프루시안 블루 – 세슘이 대·소변으로 배출되도록 도와준다.

3_ 인체가 방사선에 의한 손상을 받았을 때 회복시킬 수 있는 식품은 없다. 다시마·미역 등 해조류와 홍삼·인삼 등이 거론되는 정도이나, 방사성 요오드 노출에 약(요오드화칼륨)으로 복용하는 요오드의 양(130mg)은 성인의 하루 요오드 섭취기준의 몇 백배에 해당하기 때문에 해조류를 섭취하는 것은 무의미하다.

자료 | 교토통신, 2011.03.19.

웰빙·로하스

1) 웰빙

웰빙Well-being은 '복지 · 행복 · 안녕'을 뜻하며, 육체적 · 정신적 건강의 조화를 통해 행복하고 아름다운 삶을 추구하는 삶의 유형이나 문화를 통틀어 일컫는 개념이다. 산업고도화는 인간에게 물질적 풍요를 가져다준 반면, 정신적 여유와 안정을 앗아간 면도 적지 않다. 현대산업사회는 구조적으로 사람들에게 물질적 부(富)를 강요하는 시스템을 가지고 있어서, 사람들은 대부분의 시간을 부를 축적하는데 소비한다. 따라서 물질적 부에 비해 정신건강은 가볍게 여기는 경향이 있고, 심한 경우 정신적 공황으로 발전하기까지 한다.

웰빙은 이러한 현대산업사회의 병폐를 인식하고, 육체적 · 정신적 건강의 조화를 통해 행복하고 아름다운 삶을 영위하려는 사람들이 늘어나면서 나타난 새로운 삶의 문화 또는 그러한 양식을 말한다. 1980년대 중반 유럽에서 시작된 슬로푸드Slow Food 운동[6], 1990년대 초 느리게 살자는 기치를 내걸고 등장한 슬로비족Slow but Better Working

5 활성산소 : 면역력 약화시켜 질병을 부른다. 활성산소를 생성하는 주요원인은 피로, 스트레스, 흡연, 술, 공해 등이다. 대부분의 생명체는 공기 중의 산소를 호흡하여 생명을 유지하게 된다. 이때 산소를 이용한 대사과정에서 어쩔 수 없이 세포를 파괴시키는 독성물질이 부산물로 만들어지는데, 이것을 활성산소 혹은 유해산소라고 한다. 활성산소가 체내에 과해지게 되면 산소독성이 나타나 유전자 핵이나 조직장기의 막을 형성하고 있는 단백질이나 지질에 장해를 주게 되고 수천 개에 달하는 체내의 중요한 효소작용을 저지시켜서 정상적인 세포의 기능이 상실된다. 따라서 면역력이 떨어져 질병이 발생한다. 활성산소의 발생은 외부요인과 내부요인으로 나뉘어 설명할 수 있다. 외부요인으로는 골프장의 농약이나 제초제, 방사선, 자외선, 오존에의 노출, 흡연, 습관적인 알코올섭취, 과식, 과격한 운동 등을 들 수 있다. 내부요인의 경우 대표적으로 스트레스와 피로 등을 들 수 있다. 성인병과 노화를 부추기는 활성산소는 체내에서 자체 생성되는 내부 항산화효소(SOD)에 의해 모두 처리되지 않기 때문에 과잉 생성되는 활성산소 제거를 적극 권장하고 있다.

6 슬로푸드(Slow Food) : '패스트푸드(Fast Food)'에 반대되는 개념으로, 대량생산, 규격화, 산업화, 기계화한 음식에 대항하여 지역특성과 수공업적 생산유통, 전통적인 맛과 문화를 살린 음식과 식생활 양식을 추구하는 운동이다. 1986년 이탈리아 작은 마을에서 시작되어 이제는 세계 40여 개 나라 7만 명 이상의 회원을 둔 국제규모의 운동이 되었다. 최근 식생활이 서구화되고, 패스트푸드나 인스턴트식품 등을 접하게 되면서 이와 같은 식생활환경에서 성장한 어린이들은 비만이 증가, 우리의 입맛과 식사예절을

People, 부르주아의 물질적 실리와 보헤미안의 정신적 풍요를 동시에 추구하는 보보스 Bobos 등도 웰빙의 한 형태이다.

그러나 웰빙이라는 용어가 본격적으로 나타나기 시작한 것은 2000년 이후의 일이다. 이전에도 다양한 형태로 육체적 · 정신적 삶의 유기적 조화를 추구하는 움직임이 있기는 했지만, 이러한 움직임이나 삶의 문화가 포괄적 의미로서 웰빙이라는 이름을 얻은 것은 2000년 이후이다.

웰빙을 추구하는 사람들은 육체적으로 질병이 없는 건강한 상태뿐 아니라, 직장이나 공동체에서 느끼는 소속감이나 성취감의 정도, 여가생활이나 가족 간의 유대, 심리적 안정 등 다양한 요소들을 웰빙의 척도로 삼는다. 몸과 마음, 일과 휴식, 가정과 사회, 자신과 공동체 등 모든 것이 조화를 이루어 어느 한 쪽으로 치우치지 않은 상태가 웰빙이다.

웰빙을 추구하는 사람들을 '웰빙족'으로 부른다. ① 고기 대신 생선과 유기농산물을 즐기고, ② 단전호흡 · 요가 · 암벽등반 등 마음을 안정시킬 수 있는 운동을 하며, ③ 외식보다는 가정에서 만든 슬로푸드를 즐겨먹고, ④ 여행 · 등산 · 독서 등 취미생활을 즐기는 특징을 가지고 있다.

우리나라에서도 2003년 이후 웰빙(문화)이 확산되어 웰빙족을 겨냥한 의류 · 건강 · 여행 등 각종상품에 이어 잡지까지 등장하고, 인터넷에도 많은 웰빙 관련 사이트가 나타났다.

2) 로하스

로하스Lohas는 'Lifestyle of Health and Sustainability'의 약자로, '건강과 환경이 결합된 소비자들의 생활패턴'을 의미하며, 건강과 환경을 중요하게 생각하는 소비이다.

로하스족Lohas族은 자신의 정신적 · 육체적 건강뿐만 아니라 환경파괴를 최소화한

잃어가고 있으며, 안전성이 활보되지 않는 식품위험에 노출되어있다. 우리나라에서도 성장기 어린이와 청소년들에게 가공식품 대신 전통적 음식을 먹는 식습관을 길러주고자 하는 슬로푸드운동이 확산되어 있다.

제품을 선호하는 소비경향을 보인다. 또한 정보에 밝고 상품광고에 현혹되지 않으며, 독자적이고 비판적인 시각을 갖고 있는 것이 특징이다. 이들의 소비패턴은 유기농재배 농산물을 비롯하여 에너지효율 가전제품, 태양열 전력, 대체의약품과 요가 테이프, 환경친화적 여행상품 등에 이르기까지 광범위하다. 이로 인해 자연경영 바람이 확산되고 있다.

 녹색식생활

1) 녹색식생활의 개념

녹색식생활[7]은 식품의 생산에서 소비까지의 여러 과정에서 에너지와 자원의 사용을 줄이고 온실가스, 오염물질의 배출을 최소화하는 식생활을 의미한다. 이는 식생활에서 기존에 중시하던 영양, 맛, 가격뿐 아니라 환경, 식문화를 고려한 것으로 푸드인 측면과 문화적 측면으로 그 내용을 구분할 수 있다. 푸드 체인 측면에서 녹색식생활은 친환경식품의 생산과 소비, 지산지소(地産地消) 로컬푸드의 생산과 이용, 슬로푸드나 제철음식의 이용 등을 말한다. 문화적 측면에서는 간소한 상차림, 남는 음식 줄이기, 전통식생활문화의 계승과 발전 등의 내용을 포함한다. 녹색식생활은 지역 농수산물의 소비와 촉진으로 식품산업을 육성하는데 기여하고, 웰빙음식인 한식의 확산, 친환경 농수산물의 소비촉진, 음식물 쓰레기절감 등으로 국민건강증진과 환경개선에 기여할 것으로 기대된다.

2009년 5월에는 「식생활교육지원법」이 공포되었고, 이에 따라 정부에서는 매 5년마다 식생활교육 기본계획을 수립하여 시 · 군 · 구 단위에서 시행하며, 가정이나 학교, 지역사회에서 식생활 교육을 할 계획이다. 식생활 교육의 기반조성을 위해 녹색식생활지침에 관한 연구가 진행되고 있다.

7 서정숙 외 4인, 『식생활관리』, 신광출판사, 2010, p.60.

2) 녹색식생활지침(한국형 녹색식생활지침)

(1) 환경친화적 식생활실천

① 환경친화적인 농·식품은 나와 지구의 건강을 지킵니다.

- 친환경 관련 인증표시 확인하기
- 유기가공식품을 이용하기
- 농약과 화학비료를 적게 사용한 농산물 구하기
- 일회용 및 과대 포장된 식품 구입 줄이기

② 알맞은 식사는 음식물 쓰레기를 줄입니다.

- 필요한 양만큼 구입하고 조리하기
- 알맞게 주문하고 남은 음식 가져가기
- 음식을 알맞게 덜어가며 식사하기

③ 근거리 농수산물 소비는 에너지를 줄여 녹색성장을 이끕니다.

- 직거래 장터 이용하기
- 원산지 표시 확인하기
- 우리고장 농수산물 확인하기

(2) 건강한 한국형 식생활의 실천

① 골고루 먹는 알맞은 식사는 내 건강을 지킵니다.

- 하루 세끼 규칙적으로 식사하기
- 채소, 과일, 유제품, 콩제품, 고기, 생선 골고루 섭취하기
- 고지방, 고기와 튀긴 음식 줄이기
- 건강 체중 유지하기

② 밥 중심의 전통 식생활은 내 몸을 건강하게 합니다.

- 밥과 고른 반찬으로 균형 잡힌 식생활하기
- 다양한 곡류와 완전곡(完全穀) 섭취하기
- 지나치게 짜고 매운 음식 피하기

- 계절에 따른 제철음식 즐기기

③ 가족과 함께 하는 식사는 풍요로운 삶을 만듭니다.

- 하루에 한 번 이상 가족과 식사하기
- 행복한 마음으로 식사하기
- 예의바른 모습으로 식사하기
- 식사시간을 여유 있게 즐기기

(3) 감사하고 배려하는 식생활의 실천

① 다양한 식생활 체험은 우리 몸과 마음을 건강하게 합니다.

- 가족이 함께 즐기며 음식 만들기
- 전통 식생활문화체험 기회 갖기
- 한국의 전통조리법 계승하기

② 음식은 소중하게 생산자에게는 감사의 마음을 가집니다.

- 텃밭과 화분 등에 채소 기르기
- 농어촌 체험으로 음식과 땀의 가치 알기
- 먹을거리의 생산과정 알기
- 어려운 이웃과 음식나누기

3) 녹색 물레방아

(1) 녹색 물레방아 모형

녹색 물레방아 모형[8]은 새로 제정된 녹색식생활지침을 바탕으로, 환경친화적이며 영양적으로 우수한 한국의 식생활을 국민이 일상생활에서 보다 쉽게 실천하는데 도움을 주고자 개발되었으며, 모형의 이름은 '녹색 물레방아'와 'Green Food Guide Wheel'을 함께 사용한다. 녹색 물레방의 의미는 물레방아는 자연의 힘을 이용하여

8 농림수산식품부 식품산업정책과, 녹색식생활 길라잡이, 2010, 교학사, 2010, pp.25~34.

에너지를 생성하는 친환경 동력기로서 떨어지는 물의 힘으로 바퀴를 돌려 곡식을 빻아 음식을 만드는데 이용하며, 우리나라에서 오래 전부터 이용되어 왔다.

'녹색 물레방아'는 하루에 어떤 음식을 어느 정도 먹어야 하는지를 물레방아를 통해 알려주는 식사 구성안이다. 녹색 물레방아를 활용하면 여러 가지 영양소가 적절히 함유된 균형 있는 식사를 실천할 수 있다.

녹색 물레방아의 6가지 식품군은 하루의 식사를 곡류 · 서류, 어육콩류, 채소류, 과일류, 우유류, 유지 및 당류로 구분하여, 각 부분의 면적은 실제 섭취해야 되는 양을 개념적으로 표시하였다. 각 식품군의 음식을 적절히 섭취하지 않으면 물레방아가 돌지 않음을 상징적으로 표현하여, 녹색 물레방아를 통해 건강한 식생활에 대한 안내를 한다.

(2) 녹색 물레방아의 구성내용

녹색 물레방아의 각 식품군은 한국인이 가장 많이 섭취하는 음식으로 구성되어 있다. 녹색 물레방아 옆에 제시된 식품군별 숫자는 하루에 섭취해야 되는 양을 말한다.

녹색 물레방아 하루섭취 목표(성인 2,000칼로리 기준)

(3) 녹색 물레방아의 식품군 이해

① 곡류 · 서류 : 한국인 식생활에서 주식인 곡류, 서류는 탄수화물의 주공급원이다.

밥, 국수, 빵, 떡 등을 주재료로 하는 음식들을 포함한다.

- 1회 분량기준 영양소 : 열량 300㎉, 탄수화물 60g
- 1회 분량의 예 : 밥 1공기(210g)

② 어육콩류 : 단백질 공급원인 고기, 생선, 달걀, 콩을 주재료로 하는 음식들을 포함한다.

- 1회 분량기준 영양소 : 열량 80㎉, 단백질 10g
- 1회 분량의 예 : 소고기 1/2접시(60g), 생선 1토막(50g)

③ 채소류 : 비타민, 무기질, 섬유소의 주공급원으로서 채소, 버섯, 해조류 등을 주재료로 하는 음식을 포함한다.

- 1회 분량기준 영양소 : 열량 15㎉
- 1회 분량의 예 : 나물 소 1접시(70g)

④ 과일류 : 비타민 C, 칼륨, 섬유소의 주공급원으로 후식이나 간식으로 주로 이용된다.

- 1회 분량기준 영양소 : 열량 50㎉
- 1회 분량의 예 : 사과 1/2개(100g), 귤 1개(100g)

⑤ 우유류 : 칼슘의 주공급원으로서 우유, 요구르트, 치즈, 아이스크림 등이 해당된다.

- 1회 분량기준 영양소 : 열량 125㎉, 칼슘 200㎎
- 1회 분량의 예 : 우유 1컵(200㎖), 치즈 1장, 호상 요구르트 100㎖

⑥ 유지 및 당류 : 유지 및 당류, 양념류는 물레방아에는 음식으로 제시되지 않았다. 음식을 선택할 때 열량이 높지 않고, 지방함량이 적고 짜지 않은 요리를 선택한다.

- 1회 분량기준 영양소 ; 열량 45㎉
- 1회 분량의 예 : 식용유 1작은술, 설탕 2작은술

⑦ 기타 간식류 : 섭취한 음식이 하루에 필요한 영양소(열량)을 충족하지 못했을 때는 간식을 섭취할 수 있다.

- 200㎉ 또는 하루 필요열량의 10%를 초과하지 않는 범위 내에서 간식을 선택할 수 있다.

* 성인 2,000㎉ 식사의 식품군별 1일 섭취량 구성은 에너지 2,000㎉ : 곡류 · 서류(단위수) 3.5회 / 어육콩류(단위수) 5회 / 채소류(단위수) 7회 / 과일류(단위수) 2회 / 우유류(단위수) 1회이다.

건강정보

녹색식품 인증제

녹색식품 인증제는 화학적 합성품 사용을 줄이고 식품원료 등의 천연식품 사용을 권장하기 위해 합성첨가물을 사용하지 않은 식품을 인증하는 제도이다. 2009년 상반기 서울 등 수도권에 거주하는 30~50대 주부 500명을 대상으로 '합성첨가물 사용에 대한 소비자 인식도조사' 결과 식품 등의 제품구입 시 가장 고려하는 사항으로 응답자의 525가 안전성을 선택했다. 안정성 52.2%, 맛 15.8%, 영양과 기능성 14.2%, 브랜드 14.0%, 가격 3.6%, 신선도 0.2%였다.

제품에 표시된 식품첨가물 정보에 대해 표시사항이 너무 많고 일일이 확인하기 어려워서 정보가 불충분하다고 했다. 따라서 식약청은 소비자의 선택권 강화를 위해 첨가물에 대해 보다 올바른 정보제공을 강화할 목적으로 녹색식품 인증제를 도입하여 2011년부터 본격 시행할 계획이라고 밝혔다.

자료 | 경제투데이, 2010.3.3.

건강정보

U-food System

한국식품연구원이 추진하는 차세대식품 유통관리체계인 'U-food System'이란 식품유통시스템에 무선인식과 유비쿼터스(Ubiquitious Sensor Network) 기술이 본격적으로 활용되는 것으로, 식품의 원료생산부터 가공, 유통, 판매, 소비자에 이르기까지 전 단계에 걸쳐 품질, 공정, 정보 등을 실시간으로 관리할 수 있는 첨단유통체계의 구축을 말한다.

이 시스템이 구축되면 판매장에서는 개인건강, 영양상태에 적합한 식품의 맞춤형 쇼핑이 이뤄지고, 가정에서는 개인건강, 식습관에 따른 음식선택, 요리정보 등이 실시간으로 제공될 수 있다. 또 식품생산부터 가공, 유통, 판매, 소비까지 전 과정의 환경 및 품질상태 감시 및 제어가 가능해진다. 단체급식소의 스마트식당 구축으로 음식 재활용방지 기능, 신선도관리, 유통정보 제공, 주문도우미 기능과 같은 식당인증제 도입도 가능하다.

Health & Well-being
Management of Dietary Life

식품과 식품군

CHAPTER 03

식 품

식품은[1] 인간이 생명유지를 위해 필요로 하는 영양소와 감각적인 기능을 만족시키고 더욱더 건강하며 장수할 수 있도록 생리활성의 기능을 가진 물질을 말한다. 즉 식품이란, 어느 정도의 조리와 가공을 거쳐서 먹을 수 있는 조건을 가진 것을 의미하며, 식품으로서 섭취할 수 있는 조건을 가지고 있지만, 조리 및 가공되지 않은 것은 식품재료 또는 식료품Food Material이라고 하여 구분하고 있다.

우리나라에서는 「식품위생법」 '총칙'에서 "식품은 의약으로 섭취하는 것을 제외한 모든 음식물을 말한다."고 규정하고 있다. 그러나 FAO(국제연합식량농업기구)와 WHO(세계보건기구)에서는 "인간이 섭취할 수 있도록 완전가공 또는 일부 가공한 것 또는 가공하지 않아도 먹을 수 있는 모든 것"으로 규정하고 있다.

식품군과 1회 섭취량

1) 식품군

우리가 먹는 식품에는 자연에서 얻어지는 자연식품, 저장성을 높인 저장식품, 그리고 이용하기 편리하도록 변화시켜 만든 식품인 가공식품이 있다.

식품을 구성하는 성분은 여러 가지이며, 그중에는 인체가 살아가는데 필요한 영양소가 들어있고, 그 종류나 함량은 식품에 따라 각기 다르다. 식품영양가표 분류 식품군과 식사구성안 식품군을 비교하면 표 3.1과 같다.

1 윤덕인, 『전통식품개발론』, 청송출판사, 2006, p.9.

표 3.1 식품영양가표에 분류된 식품군과 식사구성안 식품군의 비교

식품영양가표의 식품군	식사구성안의 식품군
• 곡류 및 그 제품, 감자류 및 전분류 중 녹말류 • 종실류 및 그 제품 중 도토리묵	곡류 및 전분류
• 육류 및 그 제품, 난류, 어패류 • 두류 및 그 제품, 종실류 및 그 제품 • 조미료류 중 고추장, 된장, 청국장	고기, 생선, 달걀, 콩류
• 채소류, 버섯류, 해조류, 과실류 • 감자류 및 전분류 중 녹말류 제외	채소 및 과일류
• 유류 및 그 제품	우유 및 유제품
• 유지류, 당류 및 그 제품	유지 및 당류

2) 1회 섭취량

표 3.2의 식품군별 대표식품의 1회 분량은 섭취해야 하는 양을 산출한 것이 아니고 사람들이 일상 1회 섭취량으로부터 여러 요인이 고려되어 산출한 것이다. 그러나 유지 및 당류는 다섯 가지 식품분류체계의 해당군에 적혀 있는 열량과는 일치되지 않는 1인 1회 분량이다.(자료 : 한국영양학회, 2010년 개정)

표 3.2 식품군과 대표식품의 1회 분량

식품군	대표식품의 1회 분량		비 고
곡류 및 전분류	쌀밥(보리밥) 1공기 210g, 백미죽 90g, 떡국용 떡 130g, 국수(건면) 100g, 묵 100g, 식빵 2쪽 100g, 시리얼 30g(115㎉), 과자 30g, 감자 중 3개(400g)(100㎉)		300㎉
고기, 생선, 달걀, 콩류	육류 1접시(소고기, 돼지고기, 닭고기(생) 60g), 동태, 가자미 60g, 달걀 60g, 두부 80g, 콩 20g		동물성 단백질 섭취 1/3
채소 및 과일류	채소류 20㎉	시금치, 쑥갓, 미나리, 근대, 콩나물 각생 70g, 무, 오이, 당근, 양배추, 피망 등 70g, 배추김치 생40g, 오이소박이 생 60g, 깍두기, 총각김치, 열무김치 각 50g, 양파, 도라지, 아욱 등 50g, 버섯(생) 30g,	데친 후 45g(1/3C) 익혀서 2/5C
	감자류 80㎉	감자 : 볶음용 75g, 감자 : 통째로 먹을 때 130g 고구마 : 통째로 먹을 때 140g	
	해조류 10㎉	미역 : 건미역 6g, 물미역 생30g, 김 2g	구운김(기름 첨가) 4g
	과일류 50㎉	사과 중 1/2개 100g, 귤 1개 100g, 참외 중 1/2개 200g, 포도 1/3송이 100g, 수박 1쪽 200g, 오렌지주스 1컵 100g	

식품군	대표식품의 1회 분량		비 고
우유 및 유제품	우유	우유 1컵 200g	
	유제품	치즈 1장(20g)×2회, 호상 요구르트1/2컵 100g, 액상요구르트 3/4컵 150g, 아이스크림 1컵 100g	열량 고려 30g 열량 고려 180g 열량 고려 180g
유지 및 당류(45㎉)	유지류	식용유, 참기름, 들기름, 버터 각 5g, 마가린, 마요네즈 각 6g	
	당류	설탕 1큰술 10g, 커피믹스 1회 12g, 꿀 1큰술 10g, 탄산음료 100g	되도록 적게 섭취

03 영양섭취기준

우리나라에서는 국민보건과 체위향상, 식생활개선에 도움을 주고자 1962년 영양권장량을 최초로 책정한 후 9차에 걸친 개정이 있었으며, 2010년 영양권장량 한계점을 보완하여 영양섭취기준을 만들었다.(표 3.3, 표 3.4 참조)

식생활관리자는 가족 개개인의 연령, 노동강도, 건강상태를 고려한 영양필요량을 알고, 이에 적합한 식사를 마련하기 위해 어떠한 식품을 얼마나 섭취해야 할지를 택해야 한다.

표 3.3 식사계획을 위한 영양섭취기준의 개념(한국영양학회, 2010)

평균필요량	대상 집단을 구성하는 건강한 사람들의 절반에 해당하는 사람들의 일일 필요량을 충족시키는 값 / 대상 집단의 필요량 분포치 중앙값으로부터 산출한 수치
권장섭취량	평균필요량에 표준편차의 2배를 더하여 정한 수치 통계적으로 잡단의 97.5%의 영양필요량을 충족시켜 주는 값
충분섭취량	영양소 필요량에 대한 정확한 자료가 부족하거나 필요량의 중앙값과 표준편차를 구하기 어려운 영양소의 경우, 건강한 인구집단의 섭취량을 추정 또는 관찰하여 정한 값
상한섭취량	인체건강에 유해영향이 나타나지 않는 최대 영양소 섭취수준으로 과량섭취 시 건강에 악영향의 위험이 있다는 자료가 있는 경우에 설정 가능

표 3.4 한국인 영양섭취기준 – 다량영양소(한국영양학회, 2010년)[2]

성별	연령	표준신장 cm	표준체중 kg	에너지 kcal 권장량	단백질 g 필요량	V.A μgRE 권장량	V.D μg 충분섭취량	V.E mgαTE 충분섭취량
남자	19~29	173	65.8	2,400	45	750	5	12
여자	19~29	160	56.3	1,900	35	650	5	10
			V.C mg 권장섭취량	$V.B_1$ mg 권장섭취량	칼슘 mg 권장섭취량	인 mg 권장섭취량	나트륨 g 충분섭취량	철 mg 권장섭취량
남자	19~29	173	100	1.2	750	700	1.5	10
여자	19~29	160	100	1.1	650	700	1.5	14

식사구성안 식품군의 중요성과 양을 쉽게 이해할 수 있도록 그림으로 표시한 것이 식품구성자전거이다.(그림 1.1 참조)

그림 1.1 식품구성자전거

2 최혜미 · 박영숙, 『21세기 식생활관리』, 교문사, 2006, pp.100~102.
서정숙 외 4인, 『식생활관리』, 신광출판사, 2010, pp.266~275.

 식품의 특성

1) 곡류

주식으로 이용되는 곡류는 우리의 식생활에서 2/3 가량의 에너지공급원인 동시에 단백질과 티아민, 나이아신의 주공급원이며 가장 경제적인 식품이다. 쌀은 도정 정도에 따라 현미와 백미로 구분된다. 우리가 주로 먹는 정백미는 겨층뿐만 아니라 씨눈까지 거의 제거된 쌀이다. 겨층과 씨눈에는 지방, 무기질 및 비타민 B군, 섬유소가 많이 들어있고, 배유부분에는 전분이 많다. 도정을 많이 할수록 전분을 제외한 각종 영양소의 함량이 줄어든다. 보리는 도정을 해도 섬유소가 많이 남아 소화율이 떨어진다. 납작보리, 할맥으로 가공하면 소화도 좋아지고 밥맛도 좋아진다. 쌀보다 B군 비타민이 배유부분까지 포함되어 있다. 칼슘과 철은 쌀보다 2~3배 더 많다.

밀가루는 밀의 배유부분을 가공한 것으로 쌀이나 보리에 비하여 단백질의 양은 약간 많으나 질이 다소 떨어진다. 우유와 달걀 등을 넣어 음식을 만들면 부족한 아미노산을 보충할 수 있다. 밀가루의 단백질은 글루텐(점성을 나타내는 Gliadin과 탄성을 나타내는 Glutelin)으로 약 75%를 차지하고 있다. 지방함량은 2% 정도이나 주로 겨와 배아에 함유되어 있다.

메밀, 토마토에 들어있는 루틴은 플라보노이드 화합물의 일종으로 비타민 P라고도 불린다. 모세혈관을 강하게 하고, 침투력을 정상으로 유지하며, 고혈압예방 및 출혈성병에 효과가 있다. 비타민 C의 흡수를 돕기 때문에 V.C와 병용하면 순환기 질환을 예방할 수 있다.

귀리는 당질이나 단백질, 지방이 풍부하여 독특한 맛이 있고 소화율도 높으며, 비타민 B가 풍부하다. 단백질을 구성하는 아미노산으로는 트립토판이 풍부하고 라이신과 함황아미노산이 부족하나 쌀, 보리, 밀가루보다는 우수하다. 칼륨함량이 520mg으로 곡류 중에는 많이 함유하고 있다. 칼륨은 나트륨에 대해 길항작용을 갖고 있어서 음식을 짜게 먹었을 때 나타나는 고혈압, 동맥경화, 심장병, 신장에 부담을 주는 것을 줄일 수 있다. 귀리에는 지방이 많이 함유되어 있는데, 특히 우리 인체에 꼭 필요한 필수지방산인 리놀렌산이 2.4㎎ 함유되어 콜레스테롤 수치를 낮추는 작용을 하고 있다.

곡류는 도정을 많이 할수록 섬유소가 줄어든다. 현대인의 각종 성인병들이 섬유소 섭취 부족에 의한 것으로 알려지고 있는 만큼 조정도가 낮은 현미, 통밀, 각종 잡곡류, 또는 이들 가공품의 섭취량을 늘리도록 하는 것이 좋다.

건강정보

메밀의 루틴

메밀, 토마토에 들어 있는 루틴은 플라보노이드 화합물의 일종으로 비타민 P라고도 불린다. 모세혈관을 강하게 하고, 침투력을 정상으로 유지하며, 고혈압예방 및 출혈성병에 효과가 있다. 비타민 C의 흡수를 돕기 때문에 V.C와 병용하면 순환기 질환을 예방할 수 있다.

건강정보

귀리의 영양성분

당질이나 단백질, 지방이 풍부하여 독특한 맛이 있고 소화율도 높으며, 비타민 Brnseh 풍부하다. 단백질을 구성하는 아미노산으로는 트립토판이 풍부하고 라이신과 함황아미노산이 부족하나 쌀, 보리, 밀가루보다는 우수하다. 귀리는 칼륨함량이 520㎎으로 곡류 중에는 많이 함유하고 있다. 칼륨은 나트륨에 대해 길항작용을 갖고 있어서 음식을 짜게 먹었을 때 나타나는 고혈압, 동맥경화, 심장병, 신장에 부담을 주는 것을 귀리로 줄일 수 있다. 귀리에는 지방이 많이 함유되어 있는데, 특히 우리 인체에 필요한 필수지방산인 리놀렌산이 2,4㎎이나 함유되어 있어 콜레스테롤 수치를 낮추는 작용을 하고 있다.

2) 감자류

감자는 전분이 주성분인 탄수화물식품으로 맛이 담백하고 소화가 잘되어 대용식으로 이용되지만, 다른 곡류에 비해 수분이 많아 저장성이 떨어진다. 그러나 다른 곡류에 비하여 V.C가 많이 함유되어 있다. 감자의 싹에는 솔라닌Solanin이라는 알칼로이드가 들어 있는데, 솔라닌은 열에 강하므로 잘라내고 조리한다.

고구마는 전분이 감자보다 많으며 전분 이외의 수용성이 많은 단순당질이 포함되어 단맛이 강하여 간식용으로 많이 이용된다. V.C, β-카로틴과 섬유소도 풍부하다. 고구마를 자르면 단면에 생기는 흰 점액질은 얄라핀Jalapin 성분으로 배변을 촉진한다.

토란의 주성분은 당질로서 녹말이 대부분이며 갈락탄, 덱스트린과 설탕 등이 들어 있어 토란의 고유한 단맛을 낸다. 토란의 미끈미끈한 성분은 갈락탄이라는 성분인데, 이것은 소화성이 좋지 않다. 무기질로는 칼륨이 전 회분의 70%를 차지하고 있는 알칼리성식품이다. 이밖에 미량의 수산이 들어있는데, 토란의 아린맛은 수산칼륨에 의한 것이다.

건강정보

감자와 고구마

감자와 고구마는 조선 말기에 한반도에 들어와 감자는 북방감저, 고구마는 감저(甘藷)라고 불렸던 구황식품이다. 한방에선 둘 다 허(虛)한 기를 보충하는 보기(補氣)식품으로 본다. 감자는 가지과, 고구마는 메꽃과 식물이다. 감자는 줄기가 변해 생긴 덩이줄기, 고구마는 뿌리가 변한 덩이뿌리다. 감자는 강원도처럼 서늘한 곳에서, 고구마는 따뜻한 지역에서 주로 생산된다.(감자 66㎉, 고구마 128㎉)

당뇨엔 고구마, 고혈압엔 감자를 주로 먹으라고 한다. 고구마의 섬유소함량이 감자보다 많아 당지수가 낮기 때문이다.(고구마 당지수(GI) = 44, 구운 감자의 GI = 85)

감자의 전분은 몸에서 잘 흡수되고 혈당을 올리는 포도당으로 금세 전환된다. 비타민 C, 칼륨 모두 감자 쪽이 더 많이 함유하고 있으며, 감자, 고구마를 직접 조리에 사용하는 사람들은 감자맛이 강하지 않아 다양한 음식에 두루 어울리기 때문에 감자를 더 많이 이용한다.

건강정보

감자효소 저항성전분

강원도 농업기술원에서는 감자전분을 121℃에서 1시간 가열한 뒤 24시간 냉각하는 공정을 3회 이상 반복한 결과, 섭취하더라도 소화가 잘 되지 않는 전분을 만들었다. 저항성전분의 특성은 물에 거의 용해되지 않거나 수분을 흡수하지 않는다. 예를 들어, 식후 3시간 뒤 생전분의 소화율은 81.4%인데 반해, 저항성전분은 48.9%에 불과하다. 식이섬유와 유사한 역할을 하는 이 전분은 맛과 포만감을 제공하는 것은 물론 혈당감소, 혈압강하 등의 효과도 가지고 있다. 저항성전분이 들어 간 다이어트 쌀과 다이어트 수프, 식품첨가물 등으로 상품화한다.

3) 육류

육류는 양질의 단백질식품으로서 20% 가량의 단백질과 5~10%의 지방을 포함한다. 육류는 동물의 종류와 신체부위에 따라 지방함량에 차이가 있다. 상등육은 지방이 고루 분산된 고기로 맛이 좋다. 육류는 V.C를 제외한 각종 비타민과 무기질을 고루 포함하고 있다. 소고기와 돼지고기 같은 붉은색 육류는 철을 많이 함유하고 있으며, 흡수율도 높아 철의 급원식품이다.

소고기나 돼지고기보다는 닭고기가 포화지방산 함량비율이 다소 낮으며, 지방은 특히 껍질부위에 집중되어 있어 껍질을 제거하고 섭취하면 지방의 섭취를 줄일 수 있다.

육류는 도살 직후 근육이 경직되어 매우 질기나(사후강직), 숙성과정에서 조직 내 효소에 의해 단백질이 자가분해 되면서 고기가 연해지고 맛도 좋아진다. 신선한 고기의 검붉은 빛은 색소단백질인 미오글로빈 때문이다.

육류는 부위에 따라 조리용도가 구분된다. 운동을 많이 한 부위(사태 등)는 근육이 질기며, 글리코겐이 많아 빛깔이 검고, 단맛이 다른 부위보다 강한 것이 특징이다. 반면에, 운동량이 적은 부위(등심, 안심, 채끝, 갈비 등)는 건열조리, 즉 구이 또는 볶음용으로 적합하다. 육류는 반드시 검역을 거친 것을 구입하도록 하며, 숙성시킨 신선한 것을 고르도록 한다.

4) 어패류

생선은 육류와 마찬가지로 20% 내·외의 단백질을 함유하는 양질의 단백질식품이다. 육류와 비교하여 콜라겐함량은 적고, 근섬유의 길이가 짧고 굵어 살이 연하고 소화가 잘된다. 생선은 DHADocosahexaenoic Acid, 탄소 수 22개의 긴 사슬 지방산으로 분자 내에 이중결합 6개와 EPAEicosapentaenoic Acid, 탄소 수 20개의 긴 사슬 지방산으로 분자 내에 이중결합 5개같은 두뇌발달과 혈액순환에 도움이 되는 불포화지방산을 많이 함유하고 있으므로 많이 섭취하는 것이 좋다. 그러나 생선기름은 쉽게 산패가 일어나는데, 산패된 기름은 건강에 해롭다. 멸치, 뱅어포, 통조림 생선, 어묵 등은 뼈와 함께 섭취하기 때문에 칼슘의 급원식품으로 좋다.

조개류는 생선류에 비해 수분과 글리코겐, 티아민, 리보플라빈이 많은 반면에, 단백질과 지방은 적어 단맛과 담백한 맛을 지닌다. 조개류의 맛성분인 각종 아미노산과 이노신산, 숙신산 같은 유기산은 가열과정에서 쉽게 조리용액으로 흘러나오기 때문에 국물맛을 내는데 이용된다.

문어, 오징어에 많이 들어 있는 타우린Taurine은 아미노산의 일종이다. 혈압과 콜레스테롤 수치를 떨어뜨리며, 교감신경을 억제하고 염분의 과다섭취로 인해 발생하는 고혈압을 개선해 준다. 또한 간장에도 효과가 있어 담즙산의 분비를 촉진한다. 담즙산은 콜레스테롤을 배출해서 동맥경화를 예방하고 심장병에도 효과가 좋다. 심장에서 나가는 혈액의 양을 늘리고, 심장의 수축력을 높여서 울혈성 심부전증을 막는 작용이 있다. 이 때문에 심부전 치료약으로도 사용되고 있다.

타우린이 많이 함유되어 있는 식품은 어패류로, 이전까지 문어나 오징어에는 콜레스테롤이 많다고 여겨졌지만, 현재는 그 속에 포함된 타우린의 효과가 주목받고 있다. 하루 목표량은 1,000mg이다. 소라 50g~768mg, 가리비 50g~503mg, 문어 50g~436mg, 도미 100g~230mg 등이 함유되어 있다.

게의 껍질을 주원료로 단백질, 탄산칼슘, 색소 등을 제거하여 정제한 것이 키틴Chitin이다. 키틴을 물에 잘 녹게 가공한 것이 키토산Chitosan이다. 게나 새우의 부드러운 껍질은 볶거나 튀겨먹고, 건강식품으로 분말이나 정제, 캡슐상태로도 시판되고 있으므로 이런 제품으로 보충해도 좋다.

건강정보

문어, 오징어의 타우린

타우린은 어패류, 오징어, 문어, 생선의 검붉은 살에 많이 함유되어 있는 아미노산이다. 혈압과 콜레스테롤 수치를 떨어뜨린다. 타우린은 교감신경을 억제하고 염분의 과다섭취로 인해 발생하는 고혈압을 개선해 준다. 또한 간장에도 효과가 있어 담즙산의 분비를 촉진한다. 담즙산은 콜레스테롤을 배출해서 동맥경화를 예방하고 심장병에도 효과가 좋다. 심장에서 나가는 혈액의 양을 늘리고, 심장의 수축력을 높여서 울혈성 심부전증을 막는 작용이 있다. 이 때문에 심부전 치료약으로도 사용되고 있다. 타우린이 많이 함유되어 있는 식품은 어패류로 이전까지 문어나 오징어에는 콜레스테롤이 많다고 여겨졌지만, 현재는 그 속에 포함된 타우린의 효과가 주목받고 있다.

건강정보

게, 새우껍질의 키틴, 키토산

게의 껍질을 주원료로 단백질, 탄산칼슘, 색소 등을 제거하여 정제한 것이 키틴이다. 그리고 키틴을 물에 잘 녹게 가공한 것이 키토산이다. 게나 새우의 부드러운 껍질은 볶거나 튀겨먹고, 게 다리와 돼지 다리고기를 넣은 중국식 냄비요리, 새우를 껍질째 사용한 새우 칠리소스 등의 음식을 섭취하는 것이 좋다. 건강식품으로 분말이나 정제, 캡슐상태로도 시판되고 있으므로 이런 제품으로 보충해도 좋다.

5) 달걀

달걀은 탄수화물과 V.C를 제외한 모든 영양소가 풍부하게 들어있어 완전식품이라고 한다. 흰자보다는 노른자에 각종 영양소가 집중되어 있다. 지방은 거의 노른자에만 있으며, 이 중 인지질은 유화기능을 가진다. 콜레스테롤도 많이 들어 있으므로 혈중콜레스테롤 농도가 높은 사람은 제한식품이다.

6) 우유 및 유제품

칼슘과 단백질, 지방 그리고 각종 무기질과 비타민을 다량 함유하고 있다. 유지방은 포화지방산의 함량비율이 비교적 높아 혈중콜레스테롤 농도가 높은 사람과 노인들은 저지방우유 또는 무지방우유를 섭취하는 것이 좋다. 버터와 아이스크림은 유지방을 이용하여 만든 식품이다.

우유의 주단백질은 카세인Casein이며, 카세인은 산 또는 레닌에 의해 응고하여 치즈와 요구르트 제조에 이용된다. 우유의 탄수화물은 유당Lactose으로 뇌를 구성하는 당지질을 합성하는데 필요한 성분이다. 우유에는 V.C와 비타민 D를 제외한 모든 비타민이 들어있다. 특히 리보플라빈(B_2)이 다량 함유되어 있는데, 이 비타민은 광선에 불안정하기 때문에 우유를 투명한 용기에 담아 광선에 노출시키면 V.B_2가 파괴된다.

우유는 안전 및 저장성을 높이기 위해 살균처리와 균질화 과정을 거치게 된다. 가열살균 과정에서 유해미생물이 사멸됨으로써 저장기간이 연장되고, 균질화 과정에서 유지방의 수용성의 유장에 고루 분산됨으로써 맛과 소화율이 좋아진다. 유제품에는 분유, 연유, 치즈, 요구르트, 버터, 아이스크림 등이 있다.

비피더스균은 유산균의 하나로 인간의 장내에 사는 유용한 균이다. 장내의 부패균이 증식하는 것을 억제하여 유해물질의 생성을 막는다. 위 속에서 생성되는 발암 물질인 디메틸니트로사민을 무독화시킨다는 보고도 있다. 또 암 예방에 효과가 있는 비타민 B군 등을 장내에서 합성하여 흡수하고 이용하는 작용도 한다. 특히 비피더스균의 구성성분인 다당류는 체내의 면역기능을 높여 암세포에 대한 저항력을 높여 준다.

비피더스균을 첨가한 요구르트나 식품 등으로 쉽게 섭취가 가능하다. 비피더스균은 장내에서 증식과 사멸을 반복하면서 일주일 정도 지나면 체외로 배출되므로 가능하면 매일 섭취하는 것이 좋다. 요구르트를 사용한 드링크나 드레싱, 수프 외에도 각종 요리에 활용하는 것이 좋다.

건강정보

비피더스균

비피더스균은 유산균의 하나로 인간의 장내에 사는 유용한 균이다. 스트레스나 알코올음료의 과잉섭취로 장내에 비피더스균이 감소하면 위장 장애나 간 장애를 일으키거나 암을 유발하는 원인이 된다. 비피더스균은 장내의 부패균이 증식하는 것을 억제하여 유해물질의 생성을 막는다. 위 속에서 생성되는 발암물질인 디메틸니트로사민을 무독화시킨다는 보고가 있다. 또 암 예방에 효과가 있는 비타민 B군 등을 장내에서 합성하여, 흡수하고 이용하는 작용도 한다. 특히 비피더스균의 구성 성분인 다당류는 체내의 면역기능을 높여 암세포에 대한 저항력을 높여준다. 비피더스균을 첨가한 요구르트나 식품 등으로 쉽게 섭취가 가능하다. 비피더스균은 장내에서 증식과 사멸을 반복하면서 일주일 정도 지나면 체외로 배출되므로 가능하면 매일 섭취하는 것이 좋다. 요구르트를 사용한 드링크나 드레싱, 수프 외에도 각종요리에 활용할 수 있는 방법을 찾아보자.

7) 콩류 및 콩제품

콩류 중 완두, 녹두, 팥은 50~60%가 탄수화물이고, 대두는 탄수화물이 적고 단백질과 지방(16~18%)이 많다. 콩기름의 원료가 되며 필수지방산을 비롯하여 불포화지방산 함량비율이 높아 동물성지방에 비해 건강에 해가 없다. 콩에서 기름을 짜고 남은 대두박은 단백질함량이 50%나 되어 아미노산 간장제조 및 인조고기 등을 만든다. 대두단백질은 아미노산 조성에서 메티오닌과 트립토판이 다소 부족하지만, 그 밖의 필수아미노산을 고루 갖춘 질적으로 우수한 단백질이다.

두유는 우유에 비해 칼슘은 부족하지만 철을 더 많이 함유하고 있으며 불포화지방산 함량비율이 높고 콜레스테롤이 없으므로 건강식품이라 할 수 있다. 콩을 싹 틔운 콩나물에는 콩에 없는 V.C가 풍부하다.

8) 유지류

유지류는 동물성지방(소기름, 라드, 버터)과 식물성지방, 그리고 가공유지로 분류하며, 상온에서의 형태에 따라 액체기름과 고체지방으로 분류할 수 있다. 포화지방산의 함량비율이 높을수록 지방산의 사슬길이가 길수록 녹는점이 올라가며 따라서 상온에서 고체의 형태를 유지한다.

등푸른생선의 지방, 즉 어유Fish Oil는 불포화지방산을 많이 포함하기 때문에 상온에서 액체이다. 식물성기름은 리놀레산, 리놀렌산, 아라키돈산과 같은 필수지방산이 많이 들어 있어서 건강에 좋다.

대두유는[3] 식용유 중 가장 많이 소비되고 있나. 지방산의 조성은 리놀레산과 올레산이 약 80%이고, 인지방질인 레시틴이 1.5% 정도로 들어 있다. 대두유에는 다량의 토코페롤이 들어 있어 천연 항산화제의 효과가 있으며, 인체에서는 노화방지 효과도 있다. 면실유는 목화씨에 함유된 15~25%의 기름을 압착 등으로 채유한다. 고시폴이라는 독성성분이 있어 정제가 필요하다. 중화요리 볶음에 적합하다.

참기름은 저장성이 좋으며 항산화성이 인정되고 있는 토코페롤과 방향성분인 세사몰Sesamol을 함유하고 있다. 들기름은 불포화지방산을 많이 가지고 있다. 유채유Rape

3 윤덕인 외 2인, 『식품학』, 지식인, 2014, pp.103~104.

Seed Ooil, 채종유는 유채씨로부터 얻어지며 응고되는 지방성분이 적고 페스트와 질병에 저항력이 강한 것으로 알려져 있다. 영양에 해가 되는 에루신산Erucic Acid, C22 : 1이 45~50%로 다량 함유되어 있었으나, 현재는 육종학적으로 그 함량을 5% 이하로 줄여 품종개량을 하였다. 카놀라 오일Canola Oil이라 한다.

팜유Palm Oil는 포화지방산과 불포화지방산의 비가 거의 동일하다. 올리브오일Olive Oil은 올리브나무의 과실 중에서 과피와 과육부분을 짠기름으로 엑스트라 버진Extra Virgin 올리브오일이 가장 고급이다. 유리지방산 함량이 1% 이하이다. 발연점이 낮아 생식용으로 주로 이용한다.

올리브유에 70%나 들어 있는 올레인산은 산화될 걱정이 없는 단가불포화지방산이다. 혈액 속에서 나쁜 역할을 하는 콜레스테롤을 제거하고 동맥경화를 예방한다. 올리브유를 항상 섭취하는 남부이탈리아 사람들이 심장질환에 의한 사망률이 낮은 이유도 바로 이 때문이라 할 수 있다.

가공유지에는 마가린, 쇼트닝 등이 있다. 마가린은 향, 맛, 굳기 등을 버터와 비슷하게 만든 제품으로, 식물성기름이 주원료이기 때문에 리놀레산이 풍부하다. 쇼트닝은 식물성기름을 사용하여 라드와 비슷하게 만든 것으로, 품질 면에서 라드보다 우수하다. 맛이 뛰어나고 부패속도가 더디며, 밀가루반죽을 연하고 부드럽게 하는 정도로 라드보다 우수하다.

제과제빵에 많이 사용되는 마가린 또는 쇼트닝은 그 자체는 불포화지방산임에도 불구하고 그 모양이 일직선의 철사와 유사하게 트랜스지방산으로 변하므로, 체내에서 대사가 될 때 포화지방산처럼 작용하여 혈중콜레스테롤 농도를 높인다.

트랜스지방은 쌓이면 혈관을 좁게 만들뿐만 아니라 당뇨병도 유발할 수 있는 위험한 존재다. 액체기름을 고체로 굳히는 과정에서 발생하는 지방산으로, 가공 시 산패의 억제를 위해 첨가시키는 수소로 인해 생겨난다. 즉 트랜스지방산은 자연계에는 존재하지 않는 것으로 제3의 특수지방산이다.

트랜스지방이 위험한 까닭은 불포화지방의 일종임에도 불구하고 사람의 혈관에서는 포화지방처럼 활동하기 때문이다. 콜레스테롤의 수치를 높여 혈관을 좁게 하는데, 그 위험도가 포화지방보다 2배나 높다는 것이 문제이다. 트랜스지방 2% 증가 시 심장병 발병률 28% 증가, 복부비만의 주범, 당뇨병 발생률 39% 증가, 기억력 감퇴, 어린이 과잉행동 증후군, 면역력 저하 등의 위험을 일으킬 수 있다.

최근 미국당뇨병학회지는 트랜스지방과 관련된 실험결과를 발표했다. 6년 동안 원숭이에게 트랜스지방과 불포화지방을 각각 먹인 후 이들을 관찰하였다. 그 결과 트랜스지방을 먹은 원숭이들은 체중이 7.2% 증가했으며, CT촬영 결과 복부지방에 체지방이 많아진 것으로 나타났다. 그러나 불포화지방산을 먹인 그룹은 1.8% 밖에 늘지 않은 것을 알 수 있다.

또한 영국의학회지 랜싯은 트랜스지방 섭취를 2% 늘리면 심장발생 위험이 28%나 높아진다는 역학조사를 발표, 당뇨병 발생률은 39%나 증가하는 것으로 밝혀졌다.

건강정보

트랜스지방을 줄이기 위한 10가지 식생활 제안

1_ 마가린과 쇼트닝 등으로 만들어진 가공식품이나 패스트푸드 등 트랜스지방이 많이 함유된 식품의 섭취를 피한다.
2_ 참기름과 들기름, 올리브유에서는 트랜스지방산이 거의 검출되지 않는다. 식물성기름을 이용한다.
3_ 요리를 할 때 같은 식용유로 여러 번 튀기는 것도 트랜스지방을 늘리는 요인이다. 집에서 기름을 사용해서 음식을 할 때에는 한 번 사용한 기름은 반드시 버린다.
4_ 채소, 고기, 생선은 튀기지 않고 찌거나 구이를 한다.
5_ 라면이나 어육제품 같은 것을 그대로 조리하는 것보다는, 한 번 삶아 기름을 빼고 조리하는 것이 좋다.
6_ 샐러드를 먹을 때는 칼로리 높은 드레싱보다는 레몬즙을 이용한다. 마요네즈도 달걀노른자, 신선한 식용유와 식초로 적은 양을 만들어 먹는다.
7_ 부드러운 빵보다는 호두, 잣 등이 많이 들어간 딱딱한 빵을 먹도록 한다. 지방 함량도 적다.
8_ 토스트는 토스터기에 구워 버터, 마가린보다는 잼이나 유자청을 발라 먹는다.
9_ 트랜스지방 함량이 높은 팝콘, 나초 등을 가급적 피한다.
10_ 프라이드치킨 대신 전기구이치킨을 선택하고, 햄버거 대신 야채샌드위치를 선택한다.

건강정보

올리브의 올레인산

올레인산은 산화될 걱정이 없는 단가 불포화지방산이다. 혈액 속에서 나쁜 역할을 하는 콜레스테롤을 제거하고 동맥경화를 예방한다. 올레인산 함유량이 70% 이상인 올리브유를 항상 섭취하는 남부이탈리아 사람들이 심장질환에 의한 사망률이 낮은 이유도 이 때문이라 할 수 있다. 올레인산을 많이 함유하고 있는 식품으로는 헤이즐넛 30g~14.0g, 마카다미어 넛츠 30g~13.0g, 아몬드 30g~11.0g, 올리브유 10g~7.1g, 채종유 10g~5.5g, 인공샐러드유 10g~4.6g 등이다.

9) 과일 및 채소류

과일 및 채소류는 수분함량이 매우 많아 에너지 밀도가 낮으며 섬유소가 많이 포함되어 있어 비만을 비롯한 현대인의 각종 질병을 예방하고 치료하는데 도움이 된다. 빛깔이 짙은 과일과 채소에는 V.A와 V.C가 많으며, 철과 칼슘도 풍부하다. 우리나라에서는 현재 과일과 채소를 비롯하여 각종 농산물에 대한 품질인증제를 실시하고 있다. '일반 농산물', '저농약 농산물', '무농약 농산물', '유기 농산물'로 구분하여 표시제도를 적용하고 있다. 유기농산물은 유해농약, 화학비료, 제초제 등을 사용하지 않은 안전한 식품으로, 신선도가 오래 유지되고 비타민과 무기질이 풍부하다.

표 3.5 과일과 채소의 천연색소

색소명		색	함유식품
클로로필		녹색	녹색 잎채소
카로티노이드		황색, 적색	고구마, 녹황색 채소, 적황색 과일
플라보노이드	안토산틴	담황색	귤의 속껍질, 양파의 겉껍질
	안토시안	적색, 청색, 자색	딸기, 포도, 가지

건강정보

천연색소가 암을 예방한다

베타카로틴의 암 예방효과가 주목을 받고 있다. 베타카로틴은 카로티노이드계 색소의 하나로, 오렌지색을 띤 채소와 과일에 함유되어 있다. 녹색 잎채소, 해조류에도 많은데 단지 클로로필에 숨겨져 있어서 보이지 않을 뿐이다. 카로티노이드 외에 귤의 베타 클리프토키산틴, 토마토와 수박의 리코핀, 녹황색 채소의 루테인, 고추의 캡사이신, 연어와 연어알젓의 아스타키산틴, 미역과 톳의 푸곡산틴 등의 천연색소도 존재한다.

카로티노이드의 항산화 작용과 암과 관련된 신생혈관 저해작용이 알려지면서 암 예방과 치료를 위해 적극적인 섭취가 권장되고 있다. 또한 카레가루의 황색색소인 터머릭의 주성분인 커큐민에도 암세포의 증식을 억제하는 효과가 있음이 확인되었다.

최근 각광을 받고 있는 색소는 폴리페놀류이다. 블루베리나 레드와인의 안토시아닌, 차의 타닌과 카테킨, 콩의 이소플라본, 코코아와 레드와인의 케르세틴, 홉의 이소후물론, 플라보노이드 등이 이에 속하며 모두 항암효과가 있다.

10) 해조류

미역, 김, 다시마, 파래, 청각, 우뭇가사리 등이며, 해조류에는 칼슘과 요오드를 비롯한 각종 무기질과 비타민이 풍부하게 들어 있다. 탄수화물은 주로 점질 다당류로 소화율이 낮다. 우뭇가사리는 겔 형성능력이 탁월하여 한천제조에 이용되며, 소화율이 낮아 다이어트식품으로 애용된다. 다시마에는 감칠맛성분인 글루탐산이 많아 국물맛을 내는 천연조미료로 훌륭하다.

11) 가공식품류

장기간 보관이 가능하고, 조리시간의 단축으로 노동력을 절약하는 효과가 있다. 원료에 따라 농산, 축산, 수산 가공식품 등으로 나뉜다. 유통기한을 연장하고 소비자의 기호를 충족시키기 위한 목적으로 제조 시 각종 첨가물(보존료, 살균료, 산화방지제, 미각과 시각적 만족을 위한 표백제, 발색제, 착색료, 착향료, 조미료, 감미료, 산미료, 식품 품질의 개량 및 품질보존을 위한 밀가루 개량제, 유화제, 용제, 품질 유지제)을 사용한다.

 계절식품

요즘은 많은 식품이 비닐하우스 등에서 연중 생산되어 계절식품에 대한 인식이 사라지고 있지만, 제철에 생산되는 식품은 맛도 있고 가격도 저렴하다. 식품을 구매할 때 계절식품을 선택하면 경제적인 구매를 할 수 있다. 즉 각 식품이 많이 생산되는 시기를 알면 좋은 품질의 식품을 저렴한 가격에 구매할 수 있다. 각 계절별로 많이 나는 식품은 다음과 같다.

(1) 봄철식품

달래, 냉이, 쑥, 두릅, 씀바귀 등이 대표적인 채소로 겨우내 부족했던 각종 비타민과 무기질을 보충해 주어 봄철에 흔히 느끼기 쉬운 노곤함을 이기게 하며 입맛을 돋워준다. 도라지, 마늘종, 미나리, 더덕도 많이 난다. 생선류는 조기, 굴비, 양미리, 우럭, 꽁치가 흔하다.

(2) 여름철식품

여름은 채소와 과일이 풍부한 계절로 딸기, 수박, 참외, 토마토 등은 땀으로 손실된 수분과 비타민 공급에 좋다. 채소로는 열무, 오이, 애호박, 깻잎, 풋고추 등이 있다. 그러나 생선류는 산란기에 접어들어 제맛 나는 것이 많지 않다. 민어, 새우, 성게, 미꾸라지 따위이며, 특히 미꾸라지는 여름철 보신용으로 많이 먹는다.

(3) 가을철식품

수확의 계절로 곡류와 사과, 배, 감, 밤, 대추, 유자, 모과 등의 과일이 많다. 채소로는 버섯류가 많으며 토란, 연근, 무, 배추, 고구마 등이 난다. 갈치, 고등어 같은 생선이 맛있을 때이다.

(4) 겨울철식품

당근, 시금치, 우엉, 양배추 등이 많이 나는 계절로, 겨울채소는 맛이 단것이 특징이다. 시금치는 각종 비타민이 많아 겨울철 부족하기 쉬운 비타민 섭취에 좋다. 생선류는 도미, 청어, 명태, 가자미 등이 나며, 특히 굴과 꽁치는 단백질 함량이 높고 맛이 좋다. 과일은 감귤류가 대표적이며 오렌지, 건포도, 레몬도 많다.

06 친환경농산물

친환경농산물은 농약, 화학비료, 사료첨가제 등 화학물질을 전혀 사용하지 않거나 최소량만을 사용하여 생산한 농산물을 의미하며 등급이 있다. 유기농산물, 전환기유기농산물, 무농약농산물, 저농약농산물 등 4등급이다. 등급에 따라 가격이 달라지므로 등급과 인증표를 반드시 살펴본 후 구매해야 한다.

(1) 유기농산물

가장 높은 등급이다. 유기합성농약과 화학비료를 일절 사용하지 않고, 3년 이상 재배한 토양의 농산물을 말한다.

(2) 전환기 유기농산물

두 번째 등급이다. 유기합성농약과 화학비료를 사용하지 않은 토양의 농산물이란 점은 유기농산물과 같지만, 그 기간이 1~3년인 경우를 말한다.

(3) 무농약 농산물

세 번째 등급이다. 유기합성농약은 사용하지 않고, 화학비료는 권장량의 1/3 이내만 상용한 경우다.

(4) 저농약 농산물

마지막 등급이다. 화학비료는 권장량의 1/2 이내만 사용하고, 농약은 수확일 30일 이전에만 사용했으며, 그 살포횟수는 권장량의 1/2 이하인 경우다. 제초제는 사용하지 않았어야 한다.

건강정보

성인병의 천적 해조류(Seaweed) : 당뇨, 고혈압, 비만에 효과

한국, 일본에선 최고의 웰빙식품. 서양에선 가축사료. 해조류(김, 미역, 다시마, 파래, 톳, 모자반, 청각 등)는 동서양의 평가에서 큰 차이를 보인다. 해조류 소비왕국인 일본은 세계최고의 장수국가다. 특히 장수촌인 일본 오키나와현 주민의 다시마 소비량은 일본 전국 평균치의 1.5~2배에 달한다. 이런 결과를 주시해 온 서양 의학계가 최근 해조류를 다시보기 시작했다.

1_ 혈중콜레스테롤, 혈당, 혈압을 낮춘다.

혈중콜레스테롤 수치가 높다면 알긴산, 푸코이단이 많이 든 미역, 다시마 등 갈조류를 즐겨 먹자. 수용성 식이섬유인 이들은 미역, 다시마의 미끈거리는 성분으로 콜레스테롤과 지방흡수를 억제하고 담즙산을 배설시켜 혈중콜레스테롤 수치를 낮춘다. 미역, 다시마, 녹미채, 큰실말 등 갈조류는 당뇨병환자에게 권할 만하다. 알긴산이 위에서 소장으로 가는 음식의 이동을 지연시켜 혈당의 빠른 상승을 막아준다. 이때 해조류를 식초에 버무려 먹으면 더 좋다. 당질대사가 억제되기 때문이다. 혈압을 낮추는 데는 다시마가 그만이다. 알긴산과 칼륨이 풍부해서다. 칼륨과 알긴산은 나트륨을 배출하여 고혈압을 예방한다. 동맥경화엔 김이 훌륭한 식품이다. 고혈압, 동맥경화 환자는 구운 김 한 장을 부숴 물에 넣고 끓인 뒤, 이 물을 하루 5회쯤 마시면 상당한 효과를 볼 수 있다고 한다.
해조류를 섭취할 때는 염분제거가 중요하다. 따라서 간은 싱거운 듯해야 한다. 염장 미역은 조리하기 전에 물에 담근 뒤 흐르는 물에 충분히 씻는다.

2_ 다이어트를 돕는다.

미역귀 다이어트, 다시마차 다이어트란 용어가 있을 정도로 해조류는 다이어트와 인연이 깊다. 해조류의 당질함량은 30~40%로 언뜻 보면 열량이 높을 것 같다. 그러나 당질의 대부분이 알긴산 등 식이섬유여서 열량은 별 문제가 안 된다. 게다가 해조류의 식이섬유는 위 속에 들어가 수십 배로 불어난다. 작은 숟가락 하나 분량의 미역귀가루를 식사 전에 먹고 밥보다 국을 먼저 마시면 미역귀가 배 속에서 수십 배로 불어난다. 그러면 포만감이 느껴져 숟가락을 일찍 놓을 수 있다. 다시마도 배 속에서 부피가 커져 일찍 포만감을 준다. 또 비타민, 미네랄이 풍부하여 다이어트 도중 나타나기 쉬운 영양부족이 해소된다.

건강정보

3_ 섭취 시 주의할 점

해조류가 건강에 유익하다고 해서 부조건 많이 먹고 보자는 식은 곤란하다. 하루 8g이면 충분하다. 미역을 조리했을 때 작은 그릇 하나 분량, 구이김은 하루 서너 장(작은 팩 포장), 다시마는 사방 3~5cm 크기 한 장이면 적당하다.

갑상선 기능항진증, 갑상선 기능저하증, 갑상선염이 있는 사람은 요오드가 많이 든 해조류나 다시마환, 다시마분말 등 해조류를 원료로 한 건강기능식품의 섭취를 삼가거나 대폭 줄여야 한다. 우리나라 사람들은 이미 요오드를 과다섭취하고 있다고 한다.

해조류는 생으로 먹든 익혀 먹든 영양상 큰 차이가 없다. 그러나 미역, 다시마로 조림을 할 때는 너무 펄펄 끓이지 말아야 한다. 알긴산을 잃게 되고 맛도 떨어진다. 대장검사를 앞두고 있는 사람도 해조류 섭취를 일시 제한하는 것이 좋다.

07 유전자재조합식품

1) 유전자재조합식품의 개념

GMOGenetically Modified Organisms 유전자 조작식품, 유전자 변형농산물 등으로 불린다. GMO[4]는 유전자재조합기술을 활용하여 재배, 육성된 농축수산물 등으로써 안정성 평가를 받은 식품 또는 이를 원료로 하여 제조가공한 식품을 말한다. 어떤 생물의 유용한 유전자를 다른 생물에 삽입하여 새로운 품종을 만드는 것으로, 이 기술을 이용하여 만든 농산물(식품)을 의미한다. 더 많은 양을 생산하기 위해 또는 병충해 등에 강한 품종을 생산하기 위해 제초제 저항성, 병·해충 저항성, 저장성 향상, 고영양분 성분함유 등 특성을 지닌다. 유전자재조합 콩이나 옥수수같은 농산물은 일반 농산물과 모양이나 색깔이 같아 외견상 차이가 거의 없다. 소비자·환경단체 등을 중심으로 인체 및 환경에 대한 잠재적 위해성에 대한 논란이 계속되고 있다.

4 한국식품공업협회, 2007.

2001년부터 식약청에서는 콩과 콩나물콩, 옥수수에 한해 유전자 조작여부를 표시하는 '유전자재조합식품 표시제'가 시행되고 있다. 감자는 2002년 3월부터 적용되었다.

2) 유전자재조합식품 표시제

유전자재조합식품 표시제는 유전자조작(유전자변형) 농산물이 얼마나 함유되어 있는지 표시하는 것으로, 제품용기나 포장에 '유전자변형 콩', '유전자변형 콩 포함 가능성 있음' 등을 표시하여 유전자조작 농산물을 원료로 사용한 식품임을 밝히는 것이다. 대상품목은 모두 27가지이며 콩, 두부, 콩나물, 두유류, 영아용 조제식, 성장기용 조제식, 된장, 고추장, 청국장, 메주, 옥수수, 팝콘용 옥수수 등이다. 그러므로 대상품목이 무엇인지 알아둔 뒤, 제품을 구입할 때 용기에 '유전자조작', '유전자변형'이나 영어로 'GMO'라는 표시가 되어있는지 확인해보아야 한다.

유전자재조합 농산물로 만든 식품에는 시판하는 된장, 고추장, 간장은 유전자재조합식품일 가능성이 비교적 높은 편이다. 식용유도 유전자재조합 농산물로 만들었을 가능성이 매우 높다. 또한 콩으로 만든 두부, 콩나물, 두유 등도 가능성이 많다. 팝콘이나 과자류도 마찬가지다.

유전자 변형농산물이나 유전자재조합식품의 비의도적으로 혼입할 수 있는 허용치는 3% 이하이다.

3) 미국의 GMO와 수입 유전자재조합 농산물

최초의 유전자 조작식품은 1994년에 미국 칼진Calgene, 1997년 몬산토에서 인수에서 개발한 무르지 않는 토마토Flavr Savr가 미국식품의약국FDA의 승인을 얻어 시판에 들어간 것이다. 이 제품은 과일의 숙성에 관여하는 유전자의 작용을 막아 출하한 뒤에도 단단함을 오랫동안 유지함으로써 싱싱한 토마토를 더 멀리 더 쉽게 운송할 수 있는 가능성을 열어주었다. 그 후 1998년까지 FDA의 검증이 완료되어 시판되는 제품은 39개로 옥수수 13종, 콩 3종, 면화 3종, 식용유지류 8종, 토마토 4종에 달하고 있다. 또한 토마토 7종을 비롯하여 벼, 밀 등 약 40종의 농산물의 연구개발이 완료되어 상품화를 위해 시험단계에 있거나 시판을 위한 등록과정에 있다.

비타민 A와 철분을 강화한 유전자변형 벼가 만들어져, 이들 벼 씨앗이 아시아와 아프리카 등의 농업연구소에 무상으로 배포되고 있으며, 국내에서도 농림부 산하 농업과학기술원이 혈압을 낮춰주는 토마토와 노화억제물질인 W-3지방산이 강화된 들깨가 개발 중에 있고, 고추에 대한 유전자 변형도 활발히 시도되고 있다.

수입하는 유전자재조합 농산물은 콩과 옥수수이다. 우리나라의 곡물 자급도는 25% 정도이며, 두부와 콩나물의 원료인 콩은 9%, 옥수수는 1% 밖에 안 된다. 그만큼 콩과 옥수수는 대부분 수입에 의존한다고 보면 된다. 우리나라에서 수입하는 곡물은 대부분 미국산이다. 그런데 미국이 유전자재조합 농산물을 가장 많이 만들어내고 재배한다는데 문제가 있으며, 지금까지 밝혀진 국내 유전자재조합식품도 미국산 수입 콩과 옥수수를 원료로 사용한 제품이 대부분이다. 중국산도 유전자재조합 농산물인 가능성이 많다.

4) GMO의 필요성과 안정성 문제

21세기의 첨단과학의 각광을 받고 있는 생명공학은 농업과 식품부문에서 더욱 구체화되고 있다. 제2의 녹색혁명이라고 불리고 유전자재조합 농산물로 대표되는 농업생명공학은 종래의 농업기술과 육종으로는 한계에 날한 시구촌의 식량문세를 해결할 수 있다는 희망을 주고 있다. 가공산업 측면으로도 종래의 식품이 생산할 수 없었던 유용한 기능성물질과 영양성분을 생산함으로써 보다 부가가치가 높고 가공적성에 맞는 제품을 생산할 수 있는 길을 열어 놓게 하였다.

그러나 식품생명공학기술에 대한 긍정적인 평가와 함께 장차 이 기술이 식품안전성과 환경에 미칠 위험성에 대한 우려와 경고의 목소리도 강력하게 대두되고 있다. 우리나라에서도 유전자재조합식품에 대한 본격적인 사회운동이 전개되고 있다. 몬산토사에서 개발한 유전자재조합 대두의 수입반대운동이 소비자보호단체, 환경단체를 중심으로 이루어졌고, 각종토론회를 통하여 유전자재조합식품에 대한 잠재적 위험성을 주장하고 있다.

유전자재조합 농산물 및 식품의 안전성은 현재까지는 명백하게 판별해 낼 방법이 없다. 그러나 유전자재조합 콩이 알레르기를 일으킨다는 보고는 많다. 유전자재조합을 하면 새로운 단백질이 생성되는데, 이 단백질로 인해 우리 몸이 알레르기 반응을 일으킬 수 있다. 특히 면역력이 약한 영 · 유아는 알레르기 유발물질에 매우 취약하기 때문에 더욱 심각한 문제를 일으킬 수 있다. 시판이 허락되는 것에서 알 수 잇듯이 유전자재조합식품이 특별히 위험하다고 판명되는 것은 아니다. 그렇다고 안전하다는 연구결과도 없다.

우리나라나 미국은 성분표시를 하면 시판이 허용되지만, 호주에서는 유전자재조합식품을 팔지 않으며, 유럽에서는 엄격히 관리하고 있다. 유전자재조합은 생명조작이라는 측면에서 볼 때 당장은 문제가 발생하지 않더라도 미래에도 안전하다고는 그 누구도 장담할 수는 없다.

일본에서는 유전자재조합 농산물의 수입 및 재배에 대해서는 농수성이 '수입 및 개방 이용지침 승인'을 실시하며, 유전자재조합식품에 관해서는 후생성이 '안정성평가심사'를 실시한다. 일본이 시행하고 있는 승인이란, 법률에 의한 규제가 아니라 '가이드라인'이기 때문이다. 반면 착색료, 향료 등의 식품첨가물은 안정성 확인과 표시가 의무화되어 있다. 안정성 확인을 받지 않은 것이 유통될 경우에는 위반이므로 처벌을 받는다. 식품첨가물에 이러한 표시조치가 취해진 이유는 "식품첨가물은 식품으로 볼 수 없기 때문에 몸에 있어서는 이물질이다."라고 생각했기 때문이다. 따라서 안정성이 확인된 것만 유통을 인정하며, 그것을 사용하고 있다는 것을 소비자에게 정보로서 확실하게 표시해야만 한다. 소비자단체에서 가이드라인만으로는 효과가 없음을 지적하고 호소한 결과, 일본에서도 표시의무화가 현실화되어 2001년 4월부터 의무표시제를 실시하기로 하였다.[5]

5 야스다 세츠코 지음 · 송민동, 『먹어서는 안 되는 유전자조작 식품』, 교보문고, 2000, pp.17~19.

표 3.6 국내 유전자재조합식품표시제 대상품목

1_ 콩가루	15_ 영·유아용 곡류 조제식
2_ 옥수수가루	16_ 기타 영·유아식
3_ 곡류가공품	17_ 영양보충용 식품
4_ 두류가공품	18_ 된장
5_ 콩통조림	19_ 고추장
6_ 옥수수통조림	20_ 청국장
7_ 빵 및 떡류	21_ 혼합장
8_ 견과류	22_ 조림류
9_ 두부	23_ 메주
10_ 가공두부	24_ 옥수수전분
11_ 두유류	25_ 팝콘용 옥수수 가공품
12_ 전두부	26_ 기타 콩, 옥수수, 콩나물 사용한 식품
13_ 영양용 조제식	27_ 기타 위 재료를 사용한 식품
14_ 성장기용 조제식	

08 기능성 건강식품 '홍삼' 논문 고찰 – 홍삼양갱의 항산화활성 및 품질특성[6]

최근 경제발전과 함께 식품에 대한 소비자들의 선택기준은 맛, 색, 향기와 같은 관능적 특성 못지않게 식품의 기능성을 중요시하는 경향으로 바뀌어가고 있다. 이에 약식동원이 발달된 전통식품 제조법과 생리활성 물질에 대한 관심이 고조되고 있다.

인삼人蔘, Panax Ginseng C. A. Meyer은 오갈피나무과의 인심 속에 속하는 다년생 초본류로서 예로부터 그 뿌리를 중요한 약제로 사용하여 왔다.

인삼은 화학성분은 탄수화물(60~70%), 함질소화합물(12~16%), 사포닌(3~6%), 지용성 성분(1~2%), 회분(4~6%), 비타민(0.05%) 등으로 이루어져 있다고 보고되어 있다. 이 중 주요활성 성분으로는 사포닌이 알려져 있으며 해독작용, 당뇨병 및 고지혈증 예방, 면역기능 증진, 항암활성이 보고되고 있다. 비사포닌계의 성분으로 항암활성이 뛰어난 Polyacetylene 계열과 항당뇨와 혈압강하 효과와 관련되어 있는 유리아

6 구수경·최혜연, 홍삼양갱의 항산화활성 및 품질특성, 한국조리과학회지, 25(2), 2009, pp.219~226.

미노산이 있다. 그리고 노화방지와 관련된 성분인 항산화물질로 Phenolic Compound에 속하는 Caffeic Acid, Ferulic Acid, Vanillic Acid 등이 알려져 있다.

인삼제품은 크게 수삼, 백삼, 홍삼으로 구분한다. 수삼은 가공하지 않은 상태의 인삼을 말하며, 백삼은 4년근 이상의 수삼을 원료로 하여 표피를 제거하거나 제거하지 않고 그대로 건조하여 수분함량이 15% 이하가 되도록 가공한 원형유지 제품으로 유백색, 난백색이나 담황색을 띤다.

홍삼은 수삼을 증숙한 후 건조하여 제조한 것으로 열을 가하기 때문에 입체적인 화학변화를 받은 것이다. 이러한 증숙과정을 거친 홍삼은 수삼에서는 발견되지 않은 특유성분인 2-Metyl-3, 3-HydroxypyroneMaltol이 생성된다. 또한 제조 시 수삼으로부터 인삼의 유기산을 촉매로 하여 홍삼의 생리활성물질이 생성되고 이들이 약리 및 효능작용을 가지게 된다.

생리활성 물질로 인한 홍삼의 효능은 항우울, 항불안 및 스트레스를 방어해주는 항정신작용이 있으며, 홍삼의 사포닌이 뇌허혈에 수반하는 신경세포의 손상과 학습행동 장애의 예방적 효과, 면역증강 효과, 혈당 강하작용, 독성물질 해독작용, 콜레스테롤 대사 개선작용 등에 효과가 있으며 골다공증에 대한 예방효과, 항스트레스 및 항피로작용 등이 있는 것으로 보고되고 있다.

홍삼은 현재 홍삼, 홍삼정, 홍삼엑기스, 차, 분말 등의 건강보조식품의 형태로 공급되고 있어 남·여 노·소 누구나 쉽게 상식할 수 있으며, 고에너지 식품인 양갱에 응용하여 항산화활성을 입증하고 품질특성을 조사하여 기능성식품으로서의 이용증대를 위한 가능성을 알아보고자 한다.

홍삼양갱 제조는 홍삼추출물의 첨가량을 1%, 2%, 3%로 하였고, 앙금과 홍삼추출물의 양은 총량의 50%로 맞추어 첨가하였다. Control은 앙금 50, 올리고당 20, 소금 0.15, 한천 0.17, 물 29.68로 하였다. 홍삼추출물, 앙금, 올리고당, 한천, 소금을 넣고 가열한 후 40×3×3cm로 성형하여 4도에서 24시간 냉각한 후 시료로 하였다.

그 결과 제품의 기능성과 관능적 측면을 고려할 때 홍삼추출물 3%를 첨가한 홍삼양갱을 제조하는 것이 적합한 것으로 사료된다.

 건강장수식품 '다시마' 논문 고찰 – 다시마 머핀의 제조 및 품질특성7

다시마는 독특한 맛과 향으로 기호성이 양호하여 기능성 소재나 건강식품으로 많이 이용되고 있다. 언론이나 방송매체에서 다시마의 효능이 널리 알려지면서 다시마에 대한 관심은 커져 가고 있고, 우리나라에서 연간 1,500만 톤이나 되는 많은 양이 생산되는 실정이다.

최근에는 다시마의 생리활성을 이용한 제품이 소비자의 높은 호응을 얻으면서 생산량도 계속 증가하는 추세에 있다. 다시마는 『동의보감』에서 곤포라고 하여 신체의 저항성을 높여주고 노폐물의 배설을 촉진하며 고혈압, 동맥경화, 갑산선종, 신장염에 효과가 있을 뿐만 아니라 암세포의 증식을 억제하고, 노화를 예방하는 건강장수식품이라고 기록하고 있다.

다시마에 함유되어 있는 20~30%의 알긴산은 소화되지 않는 식이섬유로, 그 중 50~75%가 수용성 식이섬유에 해당한다. 이에 따른 생리적 효능에 관한 연구들이 많이 보고됨에 따라 식이섬유를 첨가하여 만든 식품들의 개발이 활발히 진행되고 있다.

식이섬유는 혈중콜레스테롤 저하, LDL(저밀도 지단백질)수치 감소, 유해금속 체내흡수방지 및 배출, 체내 Na^+의 과다흡수 억제기능 등 다양한 효과가 밝혀지고 있고, 최근에는 항 종양성, 항 바이러스성, 항 돌연변이성, 항 혈액응고 및 면역력증가 등의 생리기능을 갖고 있는 것으로 알려져 있다. 또한 혈액순환을 촉진하고 피부노화를 막아주며 장내세균 중 유해미생물의 증식을 억제한다. 또한 Bifidobacterium과 Lactobacillus균과 같은 유익한 균이 증식을 촉진함으로서 변비예방 및 다이어트에도 탁월한 효능을 보인다. 그리고 갑상선호르몬 합성의 주성분인 요오드를 4,000ppm 이상 함유하고 있어, 훌륭한 무기질 공급원이며 갑상선환자들에게도 좋은 식품으로 알려져 있다.

우리나라에서는 머핀이 주로 아침식사 대용으로 이용되거나 간식용으로 이용되고 있는데, 첨가재료에 따라 블루베리머핀, 바나나머핀, 호두머핀, 초콜릿머핀 등으로

7 김정희 · 김장호 · 유승석, 다시마머핀의 제조 및 품질 특성, 한국식품조리과학회지, 24(5), 2008, pp.565~572.

다양하게 제조되고 있다. 머핀은 다른 재료의 첨가에 의하여 Gluten 형성이 크게 영향을 받지 않으므로 제품의 다양화를 이룰 수 있는 장점을 갖고 있다. 이러한 장점을 지닌 머핀을 계속 수요가 증가되고 있는 빵 형태의 식생활에 활용한다면 다양한 기호성의 제품을 만들 수 있고 바쁜 현대사회에 맞는 간편한 식사대용으로도 우수할 것으로 기대된다. 현재 시판되고 있는 머핀으로는 소비자들의 선택권을 만족시킬 수 없어 건강에 좋은 재료를 첨가하여 만든 머핀의 연구가 필요하다.

본 연구에서는 여러 가지 생리활성 기능을 지닌 다시마가루를 이용하여 제조한 머핀의 품질특성과 기호적 특성을 평가하여 다시마의 최적 첨가량을 결정하고 저장기간에 따른 품질변화를 분석하였으며, 다시마의 소비를 확대할 수 있는 다시마 머핀을 새로운 메뉴로서 개발하고자 하였다.

실험에 사용한 다시마가루의 제조방법은 말린 다시마를 젖은 면보로 소금기를 3회 닦아내고 다시 마른 면보로 물기를 제거시킨 후에 실온에서 1시간 건조시킨 후 분쇄기를 사용하여 갈아준 뒤 100mesh체를 통과시켜 고운가루를 만들어서 냉동고에 보관하여 사용하였다.

Control은 밀가루 100g, 버터 80g, 설탕 80g, 달걀 80g, 우유 20㎖, 베이킹파우더 3g이었다. 밀가루 및 다시마함량 외의 모든 재료는 모두 일정하게 유지하였으며, 박력분의 0%, 5%, 10%, 15%, 20%를 다시마가루로 대체하여 머핀을 제조하였다. 버터를 상온에 두어 부드럽게 만들어서 믹서기를 이용하여 최고속도로 설탕을 넣어 5분간 저어 크림상태로 만든 후 달걀을 넣어주면서 3분간 저어준다. 100mesh체에 통과시킨 박력분, 베이킹파우더, 다시마가루와 우유를 고루 섞고 반죽하여 유산지를 깐 머핀컵에 86g씩 취하여 180℃로 예열된 오븐에서 35분간 구웠다.

관능검사 결과 다시마가루를 10% 첨가했을 때 색은 가장 진하게 나타났고, 풍미를 강하게 느끼는 것으로 평가되었다. 또한 부드러운 정도는 가장 높게 평가되었고, 전체적인 기호도에서도 다시마가루 10% 첨가군이 4.8로 가장 높은 선호도를 보였다. 또한 머핀의 일반적인 판매 및 소비기간을 고려한 5일 간의 저장특성 평가에서는 다시마 첨가량에 따른 영향 외에는 저장기간에 따른 기호성 및 품질특성의 변화는 없는 것으로 확인되었다.

식단작성

CHAPTER 04

식단작성의 일반원칙

① 매끼를 기준으로 하는 것보다 하루 전체를 한 단위로 사용한다. 아침은 될 수 있는 한 표준화하고, 다음 저녁과 점심 순서로 계획한다.

② 각 식품군(탄수화물 식품, 단백질이 풍부한 식품, 지방 식품, 과일과 채소)의 식품을 매일 사용하고 매끼에 포함시키되, 식단 해당자의 영양상태에 따라 조정한다.

③ 하루에 한 번은 조리하지 않은 날것을 사용한다.

④ 매끼에 적어도 한 가지 음식은 만족감을 주는 음식과 씹는 음식, 섬유소가 많은 음식, 더운 음식을 골고루 넣도록 계획한다.

⑤ 간이 없는 음식과 향미가 강한 음식, 부드러운 음식과 아삭한 음식을 같이 사용하거나 번갈아 사용하고 색, 형태, 음식의 배열 등에 변화를 준다.

02 식단작성의 단계

① (가족구성원의) 일일에너지 필요량을 정한다.

② 에너지 필요량에 따른 식품군별 1일 권장 섭취횟수를 결정한다.

표 4.1 권장식사 패턴(식품군별 1일 권장 섭취횟수)

	1,400A	1,600A	1,600B	1,800A	1,900B	2,000A	2,000B	2,400B	2,600A
곡 류	2	2	3	3	3	3	3.5	4	4
채소류	5	5	5	5	7	7	7	7	7
과일류	1	2	1	1	2	2	2	3	2
고기, 생선, 달걀, 콩류	3	3.5	2.5	3	4	4	4	5	6
우유, 유제품	2	2	1	2	1	2	1	1	2
유지, 당류	2	3	3	3	4	4	4	5	6

③ 권장 섭취횟수를 세 끼니와 간식으로 배분한다. 세끼 식사의 배분은 아침 : 점심 : 저녁 = 1 : 1 : 1의 비율로 적용하고 있으나, 직업의 종류, 노동 강도 및 시간 등 개인의 특수성을 고려하여 점심 혹은 저녁식사를 강조하거나 간식의 비중을 달리 조정하여 배분할 수 있다.

④ 식품군별 1회 분량을 고려하여 음식명, 조리법, 식품재료 등을 정한다.

⑤ 일일 식단표를 작성한다.

⑥ 일일단위 식단을 기초로 주간 혹은 월간단위의 식단을 계획한다.

⑦ 작성된 식단표에 대한 평가를 실시하고, 다음 식단작성 시 반영한다.

표 4.2 식사구성안의 예(2,100㎉)

아 침	보리밥 210g, 두부찌개, 달걀말이(달걀 1개), 깻잎찜, 물김치	간식 : 우유 200㎖
점 심	콩밥 280g, 무국, 동태살전(동태살 50g), 돼지고기볶음(돼지고기 40g), 배추김치	두유 200㎖, 토마토 1개
저 녁	쌀밥 210g, 냉이국, 장조림(소고기 40g), 도라지생채, 갈치구이(갈치 50g), 깍두기	수박 250g

식단평가[8]

식단이 완성되고 이를 실행한 후에는 식단을 평가함으로써 문제점을 수정 · 보완해 나갈 수 있도록 한다. 식단을 평가할 때는 식생활관리의 목표를 생각하고 그 목표를 기준으로 식사균형도, 식사다양성 등을 평가한다.

1) 영양면

식품다양성을 기준으로 한 식단평가는 세끼 식사와 간식으로 제공된 음식을 식품

8 서정숙 외 4인, 『개정 식생활관리』, 신광출판사, 2010, pp.117~119.

구성탑에 나타난 6개 식품군별로 구분하여 섭취횟수와 섭취량을 개략적으로 파악한다. 이를 토대로 식사구성안의 식품군별 권장 섭취횟수와 섭취량 기준과 비교하여 만족되면 영양필요량이 충족되었다고 평가할 수 있다. 영양소 함유량을 근거로 한 식단평가도 실시한다.

2) 경제면

식비의 지출이 예산범위를 초과하지 않았는지, 식품의 구입가격과 양, 구입방법, 구입장소 등이 적절했는지, 식품의 선택에서 계절식품을 잘 활용했는지를 검토한다. 식생활 비용을 최대한으로 활용하려면 대체식품이나 계절식품의 활용 등 예산에 맞는 식품선택의 조정이 필요하다.

3) 기호면

식단의 변화, 음식의 맛, 질감, 온도, 외관, 색의 배합 등을 검토해보고 식사 후 음식을 남긴 이유가 무엇인지 생각하여 다음 식단에 반영한다.

4) 위생면

식단의 위생적 관리를 위해서는 식품재료의 신선도, 식품의 구매 시기, 적절한 저장 및 보관방법, 조리법, 배식 및 남은음식의 처리 등 단계별로 점검해 볼 수 있다.

5) 시간노력면

가사노동의 능률면에서 조리할 사람의 능력에 맞는 식단이었는지 검토한다. 음식의 가짓수와 조리시간, 노력이 적절했는지 검토하고, 에너지와 시간 허비가 없으면서 영양적으로는 균형 잡힌 식단이었는지 평가해 본다.

표 4.3 한국인의 국민건강식단에 적용된 식단평가 항목

평 가 항 목	응 답	
	예	아니오
1. 식단의 열량이 많거나 적지 않고 적당합니까?		
2. 1일 1회 이상 생선과 콩, 두부반찬이 있습니까?		
3. 1끼에 1종류 이상의 녹황색 채소(당근, 시금치 등)가 들어있습니까?		
4. 1일 1회 우유나 유제품(요구르트, 요플레)이 들어있습니까?		
5. 1일 1회 이상 신선한 과일이 들어있습니까?		
6. 해조류(미역, 김, 다시마 등)가 들어있습니까?		
7. 동물성기름이나 콜레스테롤이 적은 음식을 선택했습니까?		
8. 계절에 생산되는 제철식품이 포함되어 있습니까?		
9. 다양한 조리법을 사용하였습니까?		
10. 식단에 식품의 색이 골고루 포함되었습니까?		

자료 : 한국인의 국민건강식단, 보건복지부.

생활습관병을 고려한 건강한 식단작성을 위해서는 다음 사항을 주의한다.

- 포화지방, 콜레스테롤을 적게 함유하도록 식단을 구성한다.
- 단순당의 섭취를 줄이고 섬유소가 풍부한 식품을 이용한다.
- 나트륨의 섭취를 줄이도록 노력한다.
- 찜, 삶기, 조림 등의 조리법을 이용하면 열량을 줄일 수 있다.
- 골다공증의 예방을 위해 칼슘을 충분히 섭취하도록 한다.

표 4.4 나의 하루식사의 균형도

영양소	식품류	식 품	배점		득 점					
			균형식	식품	아침		점심		저녁	
					균형식	식품	균형식	식품	균형식	식품
단백질	고기류, 생선류	닭고기, 돼지고기, 소고기, 오리고기, 소시지, 햄, 생선, 굴, 조개, 어묵	10	5						
	알류	달걀, 오리알, 메추리알		5						
	콩류	콩, 두부, 비지, 두류, 된장, 청국장		4						
칼 슘	우유류	우유, 분유, 치즈, 요구르트	10	5						
	뼈채 먹는 생선	멸치, 뱅어포, 잔새우, 미꾸라지, 양미리, 사골		4						
비타민 무기질	녹황색 채소류, 해조류	시금치, 당근, 깻잎, 고추, 갓, 미나리, 상치, 쑥갓, 무청, 아욱, 근대, 열무, 미역, 김, 다시마, 파래	10	5						
	담색 채소류 버섯류	무, 배추, 양배추, 오이, 호박, 파, 양파, 우엉, 콩나물, 가지, 고구마줄기, 도라지, 버섯		2						
	과일류	사과, 감, 배, 복숭아, 귤, 포도, 살구, 자두, 토마토, 참외, 수박, 딸기, 대추		4						
당 질	쌀	쌀, 찹쌀								
	잡곡류	보리, 밀가루, 옥수수, 조, 수수, 국수, 빵, 떡								
	감자류	감자, 고구마, 당면, 토란, 도토리								
지 방	기름류	참기름, 들기름, 콩기름, 채종유, 마요네즈, 마가린, 버터								
	종실류	참깨, 들깨, 호도, 잣, 땅콩								
소 계										
합 계										

<평가기준>

75점 이상 : 훌륭 / 74~50점 : 개선 필요 / 49점 이하는 반드시 개선

<진단방법>

1. 배점원리를 보면 식품점수는 해당식품군별로 식품이 하나 이상 있을 때 해당점수를 득점하고, 균형식 점수는 영양소별로 배정된 식품이 하나 이상 있을 때 10점씩 득점한다.
2. 각 끼니별로 득점란의 식품, 균형식 점수란에 해당하는 식품이 있을 때 각각 ○표를 하고 소계를 구한다.
3. 합계에는 균형식 점수와 식품점수 소계를 합하여 기록한 후 이를 평가기준과 비교한다.

식단작성의 실제

성인남자(2,400㎉)와 성인여자(1,900㎉), 그리고 다이어트식단의 예와 간편하게 식단을 구성할 수 있는 식품교환표를 표 4.5, 표 4.6, 표 4.7, 표 4.8, 표 4.9, 표 4.10, 표 4.11, 표 4.12에 제시하였다.

표 4.5 19~64세 성인남자 식단구성 예 1(2,400㎉ 기준, B타입[9])

식단 식품군 및 권장 섭취횟수		곡류	고기, 생선, 달걀, 콩류	채소류
		4회	5회	7회
아침	쌀밥 달걀국 호두멸치볶음 시금치나물 배추김치	쌀밥 210g(1)	달걀 30g(0.6) 호두 5g(0.5) 멸치 7.5g(1.5)	시금치 70g(1) 배추김치 40g(1)
점심	흑미밥 콩나물김치국 고등어구이 가지나물 깍두기	흑미밥210g(1)	고등어 90g(1.5)	콩나물 35g(0.5) 배추김치 20g(0.5) 가지 35g(0.5) 깍두기 20g(0.5)
저녁	잡곡밥 버섯된장국 돼지고기편육 채소쌈 미나리무침 김치볶음	잡곡밥 210g	돼지고기 120g(2)	느타리버섯 15g(0.5) 미나리 35g(0.5) 배추김치 40g(1) 채소쌈 70g(1)
간식	백설기 우유 사과 바나나 오렌지주스	백설기 130g(1)	우유, 유제품	과일류
			1회	3회
			우유 200㎖	사과 100g(1) 바나나 100g(1) 오렌지주스 100㎖(1)

자료 : 한국영양학회, 2010.

9 식사패턴 A는 소아와 청소년의 권장 식사패턴으로 우유 2컵을 기준으로 식품군 횟수를 배분하였으며, 식사패턴 B는 성인의 권장 식사패턴으로 우유 1컵을 기준으로 식품군 횟수를 배분하여 일상적인 성인에서의 식사 양상이 반영되었다.

표 4.6 성인식단의 예 2(남자, 2,400㎉ 기준)

	식단식품군 및 권장 섭취횟수	재료	분량 (g)	밥(곡류)	단백질반찬(고기, 생선, 달걀, 콩류)	채소반찬 (채소류)
				4	5	7
아침	흑미밥	흑미	20	흑미, 쌀(1)		
		쌀	70			
	시래기국	소고기	30		소고기(0.5)	
		시래기	50			시래기(0.7)
	연두부달걀찜	연두부	40		연두부(0.5)	
		달걀	30		달걀(0.5)	
	고사리나물	고사리	40			고사리(0.6)
	쑥갓초고추장무침	쑥갓	50			쑥갓(0.7)
소 계				1.5	1.5	2
점심	조개칼국수	조갯살	40		조갯살(0.5)	
		삶은면	360	삶은면(1.2)		
		호박	18			호박(0.3)
		양파	18			양파(0.3)
	멸치콩자반	검정콩	10		검정콩(0.5)	
		건멸치	7.5		건멸치(0.5)	
	부추파전	부추	28			부추(0.4)
		파	13			파(0.5)
		밀가루	30	밀가루(0.3)		
	배추겉절이	배추	35			배추(0.5)
소 계				1.5	1.5	2
저녁	수수밥	수수	30	수수, 쌀(1.5)		
		쌀	105			
	대구맑은찌개	대구	60		대구(1)	
	소고기버섯볶음	소고기	60		소고기(1)	
		표고	15			표고(0.5)
		느타리	15			느타리(0.5)
	마늘장아찌	마늘장아찌	10			마늘장아찌(1)
	도라지생채	도라지	25			도라지(1)
소 계				1.5	2	3
간식				우유, 유제품		과일류
				1		3
	요구르트(액상) 감 사과		150 150 150	요구르트(1)		감(1.5) 사과(1.5)

* 유지, 당류(섭취횟수 5회)는 조리 시 소량씩 사용됨.

표 4.7 19~64세 성인여자 식단구성의 예(1,900㎉, B타입)

식단 식품군 및 권장 섭취횟수		곡류	고기, 생선, 달걀, 콩류	채소류
		4회	5회	7회
아침	쌀밥 동태국 두부부침 깻잎나물 배추김치	쌀밥 210g(1)	동태 60g(1) 두부 40g(0.5)	동태국채소 35g(0.5) 깻잎35g(1) 배추김치 20g(0.5)
점심	보리밥 청국장찌개 고등어조림 미역오이초무침 열무김치	보리밥 210g(1)	청국장 15g(0.5) 고등어60g(1)	찌개채소 70g(1) 미역, 오이 70g(1) 열무김치 20g(0.5)
저녁	잡곡밥 냉이된장국 불고기 풋고추조림 상추겉절이	쌀밥 210g	소고기 120g(1)	냉이 35g(0.5) 양파 35g(0.5) 풋고추 35g(0.5) 상추겉절이 70g(1)
간식	우유 딸기 사과		우유, 유제품	과일류
			1회	2회
			우유 1컵 200㎖	딸기 10개(1) 사과 1/2개(1)

자료 : 한국영양학회, 2010.

표 4.8 다이어트 식단

	메뉴 1	메뉴 2	메뉴 3
아침	쌀밥 2/3 공기(140g) 시금치된장국 삼치구이 1토막(50g) 취나물무침 1접시(70g) 김구이 김치(50g)	토스트 2쪽(70g) 달걀부침 1개(55g) 샐러드(70g) 우유 1컵(200g)	보리밥 2/3공기 근대된장국 두부부침(90g) 도라지생채(40g) 깻잎나물 김치
점심	국수전골 1그릇(국수 180g, 소고기 40g) 생선전 40g 샐러드(간장소스) 1접시(70g) 김치(40g)	유부된장국 비빔밥 (밥 2/3공기)(140g) 김치(40g)	쌀밥 1공기 콩나물국 불고기 40g 달걀채소말이 50g 호박볶음 깍두기
저녁	수수밥 1공기(210g) 된장찌개 소고기로스구이 80g 모듬쌈(70g) 총각김치(40g)	쌀밥 1공기(210g) 대구매운탕(대구 1토막)(50g) 닭다리조림 1개(40g) 실파무침(70g) 쑥갓나물(70g) 김치(40g)	콩밥 1공기(210g) 미역국 조기구이 1마리(50g) 부추잡채(고기 20g) 오이생채(70g) 김치(40g)
간식	인절미 3개(50g) 딸기 10개(150g) 우유 1컵(200g)	크래커 5쪽(20g) 방울토마토 250g	사과 1/2개(150g) 우유 1컵(200g)

* 키 160cm, 체중 54kg 기준, (여) 하루 소모열량 1천600㎉
* 건강한 살빼기 : 한 달에 2kg 빼기
* 고기, 채소, 우유, 과일, 지방을 골고루 섭취하면서 전체적으로 먹는 양을 줄인다.
* 식품교환표를 이용한다.

표 4.9 다이어트 식단

	메뉴 4	메뉴 5	메뉴 6
아침	쌀밥 1/2공기(105g) 시금치된장국 삼치구이 1토막(50g) 취나물무침 1접시(70g) 김구이 김치(20g)	토스트 1쪽(35g) 달걀부침 1개(55g) 샐러드(70g) 우유 1컵(200g)	보리밥 2/3공기(140g) 근대된장국 두부부침(90g) 도라지생채(40g) 깻잎나물 김치(20g)
점심	국수전골 1그릇(국수90g, 소고기 40g) 생선전 40g 샐러드(간장소스) 1접시(70g) 김치(40g)	유부된장국 비빔밥(밥2/3공기)(140g) 김치(40g)	쌀밥 2/3공기(140g) 콩나물국 불고기 40g 달걀채소말이 50g 호박볶음 깍두기
저녁	수수밥 1/2공기(105g) 된장찌개 소고기로스구이 80g 모듬쌈(70g) 총각김치(40g)	쌀밥 2/3공기(140g) 대구매운탕(대구 1토막)(50g) 닭다리조림 1개(40g) 실파무침(70g) 쑥갓나물(70g) 김치(40g)	콩밥 2/3공기(140g) 미역국 조기구이 1마리(50g) 부추잡채(고기 20g) 오이생채(70g) 김치(40g)
간식	인절미 3개(50g) 딸기 10개(150g) 우유 1컵(200g)	크래커 5쪽(20g) 방울토마토 250g	사과 1/2개(150g) 우유 1컵(200g)
칼로리	-200cal (밥 70g 100㎉, 국수 90g 100㎉)	-200㎉ (밥 70g 100㎉, 토스트 1쪽 100㎉)	-200㎉ (쌀밥 70g 100㎉, 콩밥 70g 100㎉)

* 키 160cm, 체중 54kg 기준, (여) 하루 소모열량 1천400㎉
* 표 4.8 다이어트 식단에서 200㎉를 줄인 것이다.
* 메뉴의 음식들은 표 4.10의 식품교환표의 같은 식품군의 음식을 이용하여 교환할 수 있다.
* 고기, 채소, 우유, 과일, 지방을 골고루 섭취하면서 전체적으로 먹는 양을 줄인다.

표 4.10 식품군별 식품 및 1교환단위량의 예

식품군		열량 (kcal)	당질 (g)	단백질 (g)	지방 (g)	식품의 예
곡류군		100	23	2	–	밥 70g(1/3공기), 죽 140g(2/3공기), 식빵 35g(1쪽), 떡 50g, 삶은 국수 90g, 고구마 70g, 감자 140g
어육류군	저지방	50	–	8	2	살코기 40g(탁구공 크기), 가자미 / 동태 / 조기 50g (소 1토막), 중하새우 50g(3마리)
	중지방	75	–	8	5	소고기(등심) 40g(탁구공 크기), 고등어 / 꽁치 / 삼치 / 갈치 50g(소 1토막), 달걀 55g(1개), 검정콩 20g(2큰스푼), 두부 80g
	고지방	100	–	8	8	갈비 / 삼겹살 40g, 프랑크소시지 40g, 생선통조림 50g, 치즈 30g(1.5장)
채소군		20	3	2	–	푸른잎채소 70g(익혀서 1/3컵), 무 / 오이 / 애호박 / 콩나물 70g, 김 2g(1장), 버섯 50g, 도라지 40g, 배추김치 50g
지방군		45	–	–	5	식물성기름 5g(작은스푼), 견과류(땅콩 / 아몬드 / 호두 / 잣) 8g, 버터 5g, 마요네즈 5g, 드레싱 10g
우유군	일반우유	125	10	6	7	우유 200cc(1컵), 두유 200cc(1컵), 전지분유 25g (5큰스푼)
	저지방우유	80	10	6	2	저지방우유 200cc(1컵)
과일군		50	12	–	–	사과(부사) 80g, 배 110g, 귤 120g, 딸기 150g, 단감 50g, 수박 150g, 참외 150g

자료 : 대한당뇨병학회, 2010.
농촌진흥청 농식품종합정보시스템 http://koreanfood.rda.go.kr
한국영양학회http://www.kns.or.kr

표 4.11 표준식단 → 대체식단(kcal 줄이기)

	메뉴 1	메뉴 2	메뉴 3
아침	햄 샌드위치, 시리얼 1컵, 오렌지주스 1잔, 커피 1잔(총 730kcal) ➜ 대체식단 베이글&잼, 브로콜리 샐러드 1컵, 삶은달걀 1개, 저지방우유 1잔(총 450kcal)	쌀밥 1공기, 달걀플라이 1개, 된장찌개, 배추김치, 장조림(총 580kcal) ➜ 대체식단 잡곡밥, 콩자반, 미역국, 배추김치, 멸치볶음(총 370kcal)	안 먹는 경우 ➜ 대체식단 저칼로리우유 1잔, 사과 1개(총 140kcal)
점심	쌀밥 1공기, 김치찌개 1그릇, 햄구이 3조각, 콩나물무침(총 710kcal) ➜ 대체식단 1/2공기, 순두부찌개, 생선 반토막, 브로콜리 5개(총 550kcal)	치즈버거 1개, 콜라 1잔, 프렌치프라이 1통(총 850kcal) ➜ 대체식단 호밀빵 샌드위치 1개, 녹차 1잔, 방울토마토 20알(총 370kcal)	자장면 1그릇, 탕수육 6조각, 탄산음료 1잔(총 890kcal) ➜ 대체식단 자장면 1/2그릇, 물만두 5개, 녹차 1~2잔(총 480kcal)
저녁	삼겹살 2인분, 된장찌개, 쌀밥 1공기, 양배추샐러드(총 950kcal) ➜ 대체식단 생갈비 1대, 두부된장국, 잡곡밥 1/2공기, 배추김치(총 600kcal)	크림소스 스파게티, 탄산음료 1잔, 치킨샐러드 1컵(총 870kcal) ➜ 대체식단 올리브오일스파게티, 와인 1잔, 시저샐러드 1컵(총 630kcal)	먹지 않는 경우 ➜ 대체식단 드레싱을 뺀 야채샐러드, 방울토마토 20알, 저지방 두유 1잔(총 210kcal)
간식	감자스낵 1봉지(총 540kcal) ➜ 대체식단 치즈크래커 3개(총 240kcal)	떡볶이 1인분(총 320kcal) ➜ 대체식단 방울토마토&미니당근1컵(총 80kcal)	캐러멜 마끼아토 1잔(총 510kcal) ➜ 대체식단 시럽을 뺀 아메리카노 1잔(총 10kcal)
총열량	표준식단 : 2,930kcal 대체식단 : 1,840kcal	표준식단 : 2,620kcal 대체식단 : 1,450kcal	표준식단 : 1,400kcal 대체식단 : 840kcal

표 4.12 거친 음식을 이용한 1일식단[10]

식사	메 뉴	칼로리(kcal)	총칼로리(kcal)
아침	율무, 쥐눈이콩가루를 섞은 두유 1잔	80	580
	오곡밥 1/2공기	140	
	미역국1인분	80	
	생선구이 2토막	140	
	취나물 60g	20	
	무말랭이무침 60g	20	
	김치 60g	20	
	사과 1개	80	
점심	오곡밥 1공기	280	620
	비지찌개 1인분	120	
	꽁치구이 1/2마리	80	
	콩나물무침 70g	20	
	우엉무침 60g	20	
	멸치볶음 15g	35	
	김 3장	30	
	귤 1개	35	
간식	저지방우유 1잔	80	140
	생오이와 생당근	60	
저녁	현미밥 1/2공기	140	460
	두부된장국 1인분	80	
	채소샐러드 1인분	100	
	미역무침 70g	20	
	미나리무침 70g	20	
	김치 60g	20	
	사과 1개	80	
총칼로리			1,800

10 이원종, 『위기의 식탁을 구하는 거친 음식』, 랜덤하우스중앙, 2004, p.107.

1) 수험생, 폭염, 스트레스 물리치는 건강식단

(1) 집중력, 기억력 떨어지면 '밥, 콩, 등푸른생선'

뇌의 에너지원인 포도당이 부족하면 집중력이 떨어진다. 공부에 집중하려면 아침밥을 꼭 먹는다. 아침부터 늦은 밤까지 공부하는 수험생의 뇌는 일반성인보다 2배 이상의 포도당을 소모하며, 잠을 자고 일어나면 뇌에 포도당이 거의 남아있지 않는다. 이 상태에서 아침을 거르고 등교하면 집중력이 떨어질 수밖에 없다. 하루 종일 공부하는 수험생의 포도당 공급원은 밥이 최고다. 쌀은 혈당지수를 천천히 올라 뇌의 연료인 포도당을 꾸준히 공급하기 때문이다. 밀가루는 혈당을 급격히 올렸다가 떨어뜨리기 때문에, 국수나 빵 등 밀가루음식은 권하지 않는다.

콩에 풍부한 레시틴은 기억력을 높여주는 아세틸콜린의 원료가 되고, 고등어, 꽁치 등에 풍부한 오메가3지방산은 뇌세포 파괴를 막는다.

(2) 스트레스가 심하고 잠 못 들면 '유제품, 멸치, 바나나'

불안 · 초조 등 스트레스가 심할 때에는 칼슘과 마그네슘을 충분히 섭취하는 것이 좋다. '항스트레스 영양소'라고 불리는 칼슘과 마그네슘은 뇌세포의 흥분을 가라앉히고 진정시키는 역할을 한다. 칼슘은 우유, 요구르트, 멸치 등에 많고, 마그네슘은 견과류와 콩에 풍부하다. 칼슘과 마그네슘은 2 : 1의 비율로 섭취하는 것이 좋다. 또 스트레스가 생기면 체내 비타민 B, C의 양이 줄어들어 면역력이 약해진다. 키위, 사과, 오렌지 등 과일과 새싹채소를 많이 먹으면 좋다. 새싹채소에는 비타민이 다 자란채소보다 3~4배 더 들어 있다.

불면증에는 잠자리에 들기 1시간 전 따뜻한 우유 한 잔과 바나나 한 개를 먹는다. 우유에는 신경을 안정시키는 호르몬인 세로토닌을 만드는 트립토판이 풍부하고, 바나나에는 숙면을 유도하는 멜라토닌이 들어 있다.

(3) 체력 떨어지면 '껍질 벗긴 삼계탕, 보쌈, 소고기안심'

고단백, 저지방식을 섭취하는 것이 좋다. 단백질은 세포를 활성화하고 호르몬의 원료가 되는 등 우리 몸의 활력을 높여준다. 지방이 많은 음식은 소화가 더디고 설사를 일으킬 수 있으므로, 삼겹살, 갈비, 장어 등 고지방 육류는 피하는 것이 좋다.

실내에서만 지내면 비타민 D가 부족한 경우가 많다. 비타민 D는 면역력과 관련이 깊은데, 음식으로 섭취하는 데에는 한계가 있다. 점심식사 후 15분쯤 햇볕을 쬐고 산책을 하면 체내에서 충분히 생성된다.

(4) 소화불량인 경우에는 '하루 2번 과일 반쪽씩'

운동부족과 스트레스로 소화기능이 떨어지면 세끼 식사량을 줄이고 대신 간식을 조금씩 자주 먹는다. 과일, 호두, 땅콩 등 견과류, 유제품 등이 좋다. 과일은 칼로리가 높으므로 사과, 복숭아 반쪽이나 포도 반송이가 적당하다. 과민성대장증후군이라면 양배추, 브로콜리 등 수분이 많은 채소를 먹으면 소화에 도움이 된다.

2) 컴퓨터를 활용한 식단작성

(1) 식품영양성분 데이터베이스

- 농촌진흥청 농식품종합정보시스템http://koreanfood.rda.go.kr : 식품성분표
- 한국영양학회http://www.kns.or.kr : 식품영양소함량자료집
- 식품의약품안전청 : FANTASY
- 국외 : USDA Food Composition Database

(2) 프로그램

- 메뉴젠http://koreanfood.rda.go.kr : 식단작성, 식단진단, 음식정보검색, 음식정보, 식단검색, 식생활정보
- 교육행정정보시스템 : 식단작성
- 식약청 영 · 유아단체급식 표준식단
- 재치영양사
- 오토쿡

영양과 영양관리

CHAPTER 05

01 영양과 영양소의 이해

1) 영양Nutrition

우리는 식품을 섭취하여 식품에 들어있는 영양소를 취하여, 몸을 만들기도 하고 생명을 유지하고 활동하며 살아간다. 한국영양학회에서는 우리가 사용하고 있는 식품을 주요 함유영양소에 따라 5가지로 분류하여 기초식품군으로 정하였다.(표 5.1 참조)

표 5.1 기초식품군과 주요 함유영양소[1, 2]

기초식품군	주요 영양소	식품 종류
곡류 및 전분류	탄수화물	쌀, 밥, 국수(생면, 라면), 식빵
채소 및 과일류	비타민과 무기질	김치, 시금치, 콩나물, 오이, 호박, 당근, 감자, 미역(날것), 사과, 배, 귤
고기, 생선, 달걀, 콩류	단백질, 비타민, 무기질	소고기, 닭고기, 돼지고기, 생선, 잔멸치, 오징어포, 달걀, 두부, 순두부, 연두부, 콩류, 두유
우유 및 유제품	칼슘, 단백질	우유, 치즈, 요구르트(호상, 액상), 아이스크림
유지, 견과 및 당류	지방, 탄수화물	식물성기름, 버터, 마가린, 마요네즈, 견과류, 설탕, 초콜릿, 물엿

자료 : 한국영양학회, 한국인의 영양권장량, 2010년.

2) 영양소Nutrient

'People eat foods, cells eat nutritions'

성인의 몸은 60조에 달하는 세포로 구성되어 있으며, 매초마다 수천만 개의 세포가 파괴되고 새로운 세포로 교제된다. 신체는 결국 세포교체가 원활히 이루어져야만 건강을 유지할 수 있고, 건강한 세포를 만들기 위해서는 세포를 구성하는 재료가 되

1 이일하 외 4인, 『인체영양과 건강』, 중앙대학교출판부, 1997, p.9. 한국인의 영양권장량 개정 2005년 자료로 재구성.(필자)

2 최혜미 · 박영숙 지음, 『개정판 21세기 식생활관리』, 교문사, 2006, p.160.

는 '영양소'의 계속적인 공급이 필수적이다.

식품을 구성하고 있는 물질 중 우리 몸에 에너지를 공급하고 성장 및 다양한 생리기능을 도모하는 등 건강을 유지하는데 필요한 성분을 영양소라 한다. 지금까지 총 50여 종의 영양소가 밝혀져 있으며, 이들은 크게 물, 당질, 지질, 단백질, 비타민, 그리고 무기질의 6대 영양소로 분류된다.

사람이 건강을 유지하기 위해서는 약 30여 종의 영양소를 매일 섭취해야 한다. 그 밖에 식품에 함유되어 있는 색소, 향기성분 및 효소 등은 아직까지 영양물질로 정의되고 있지는 않지만, 체내에서 다양한 생리기능을 지니고 있어 특수성분으로 간주하고 있다.

식품에 존재하는 영양소의 성분을 그 성질에 따라 분류하면 그림 5.1과 같다. 생존에 필요한 고형성분들, 즉 단백질, 탄수화물, 지질, 비타민, 무기질을 5대영양소라 한다. 물은 생존에 꼭 필요하지만, 산소나 햇빛처럼 우리가 섭취하는데 큰 어려움이 없으므로 영양소에 포함시키지는 않는다.

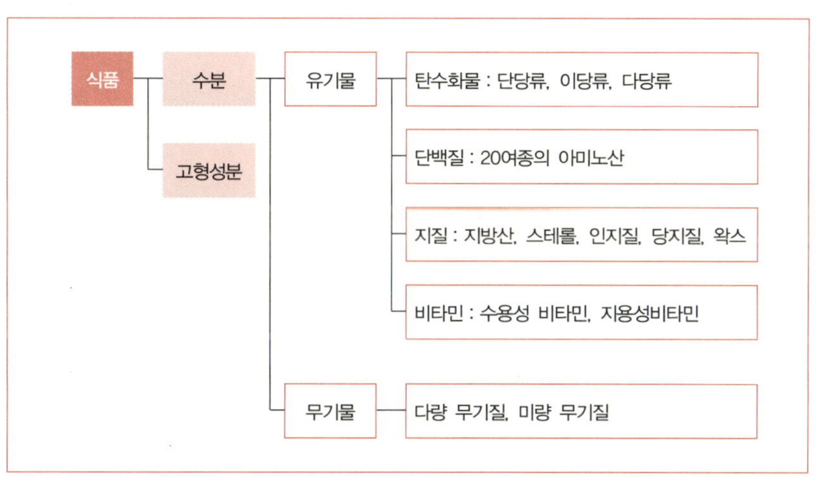

그림 5.1 식품에 존재하는 영양소의 성분

5대영양소에 속하는 약 50여종의 영양소 성분들은 표 5.2와 같다.

표 5.2 영양소의 성분

탄수화물	포도당(Glucose), 과당(Fructose), 갈락토오스(Galactose), 리보오스(Ribose), 섬유소(Dietary Fiber)
필수아미노산	이소루이신(Isoleucine), 루신(Leucine), 리신(Lysine), 메티오닌(Methionine), 페닐알라닌(Phenylalanine), 트레오닌(Threonine), 트립토판(Tryptophan), 발린(Valine), 히스티딘(Histidine), 아르기닌(Arginine)
필수지방산	리놀레산(Linolieic Acid), 리놀렌산(Linolenic Acid), 아라키돈산(Arachidonic Acid)
무기질	다량 무기질 : 칼슘, 인, 칼륨, 황, 나트륨, 염소, 마그네슘
	미량 무기질 : 철부, 요오드, 구리, 아연, 망간, 코발트, 크롬, 셀레늄, 몰리브덴, 불소, 주석, 실리콘, 바나듐
비타민	수용성비타민 : 비타민 B1, B2, B6, B12, C, 나이아신, 판토텐산, 엽산, 비오틴
	지용성비타민 : 비타민 A, D, E, K
기 타	이니시톨, 콜린, 카니틴 등

02 영양소의 체내역할

영양소의 체내역할은[3] 몸의 구성물질 공급,에너지 공급, 생리적 기능조절 등이다.

1) 몸의 구성물질 공급

인체를 구성하는 원소는 O(65%), C(18%), H(10%), N(3%), Ca(1.5~2.2%), P(0.8~1.2%) … 등으로 산소가 전체의 65%를 차지하고 탄소, 수소, 질소가 각각 18%, 10%, 3%를 차지하여 이들 네 가지 원소가 인체의 총 96% 정도를 구성하고 있다. 각종 영양소의 비율을 보면 수분 65%, 단백질 16%, 지질 15%, 무기질 4%, 당질 미량, 비타민 극미량이다. 수분, 단백질, 지질 등 세 가지 영양소가 총 체중의 약 96%를 구성한다. 인체의 나머지 4%는 무기질로 구성되어 있다.

3 박태선 · 김은경, 『현대인의 생활영양』, 교문사, 2000, pp.10~12.

2) 에너지공급

유기물질인 당질, 단백질 및 지질은 체내에서 연소되어 에너지를 발생하므로 이들 3대 영양소를 '열량소'라고도 한다. 혈액을 통해 공급되는 산소를 이용하여 세포 내에서 이들 열량소가 산화 또는 연소되는 과정은 아주 서서히 진행된다. 당질 1g은 4kcal, 지질 1g은 9kcal, 그리고 단백질 1g은 4kcal를 발생한다.

열량소의 대사 및 산화로부터 발생한 에너지는 체내에서 다양한 에너지로 전환되어 사용된다. 즉 기계적 에너지는 근육의 수축운동을 위해, 열에너지는 체온을 유지하는데, 전기에너지는 뇌와 신경의 자극을 전달하는데, 기초대사에너지는 호흡 및 맥박을 유지하는데, 그리고 화학에너지는 새로운 세포를 합성하는데 사용되고 있다.

3) 생리적 기능조절

비타민은 미량이 필요하지만 체내에서 일어나는 여러 가지 작용을 조절하는 중요한 영양소이다. 어떤 비타민의 섭취가 부족할 때에는 그 비타민이 관여하는 반응이 원활하지 못하여 결핍증이 유발된다. 현재 우리가 알고 있는 비타민의 종류는 모두 13가지인데, 이를 용해성에 따라 지방에 녹는 지용성비타민과 물에 녹는 수용성 비타민으로 분류할 수 있다. 비타민의 용해성은 비타민의 체내대사에 중요한 의미를 지닌다.

무기질은 인체에 약 4% 정도 함유되어 있는데, 대부분은 칼슘과 인으로 뼈나 치아에 많이 들어 있다. 그 외 여러 가지 무기질이 세포내 · 외액에 소량 존재하는데, 적은양이지만 그 역할은 매우 중요하다. 무기질은 비타민처럼 여러 대사작용을 조절하며 체액의 균형, 산 · 염기의 균형을 유지하는 역할을 한다. 이외에도 무기질은 각각 고유한 기능이 있어 필요량을 섭취하지 못하면 부족증상이 일어난다. 즉 비타민과 무기질은 체내에서 에너지 공급을 위한 직접적인 기질로 이용되지는 않으나, 대사 및 생리기능이 원활히 이루어지도록 필수적인 보조요소로 작용한다.

 음식물의 소화, 흡수 그리고 운반

1) 음식물의 소화

음식이 입으로 들어오면 기계적 소화작용[4]의 시작인 치아를 이용하여 작은 조각으로 부수어 주고, 동시에 침이 분비되어(세 군데의 침샘으로부터 하루 약 1.5리터의 타액이 만들어짐) 음식을 적심으로써 삼키기 쉬운 상태로 만들어 식도로 들어오고 연동운동에 의해 위로 이동된다.

위는 여러 층의 단단한 근육으로 구성되어 있으며, 하루에 약 2~2.5리터의 위액(위산(pH 1.5)[5], 약간의 소화효소 및 호르몬 등이 함유되어 있음)을 분비한다. 음식물이 식도의 하단에 위치한 괄약근을 통과하면 위로 들어오게 되는데, 이 괄약근은 위가 수축운동을 할 때 위 내용물이 식도로 역류하는 것을 막아주는 역할을 한다.

위로 들어 온 음식은 기계적 및 화학적 소화작용을 거쳐 걸쭉한 반액체 상태의 유미즙Chyme이 된 후 소장으로 보내진다. 음식이 위에 머무는 시간은 음식의 양 및 종류에 따라 약 1~4시간 정도 소요되는데, 당질, 단백질 그리고 지방의 순으로 위를 통과하여 소장으로 이동된다.

대부분의 효소에 의한 화학적 소화는 십이지장과 공장에서 완성되고, 회장에서는 주로 영양소 흡수가 일어난다. 소장 벽은 두꺼운 여러 층의 근육으로 이루어져 있는

4 소화작용 - 입 - 알파 아밀라제
식도, 위 - 소화효소 - 펩신(단백질 소화효소), 염산
소장 - 췌장효소 - 단백질 소화효소 - 트립신, 카이모립신, 카르복시펩티다아제, 아미노 펩티다아제
탄수화물 소화효소 - 알파 아밀라제
지방 소화효소 - 리파아제
장액 소화효소 - 단백질 소화효소 - 디펩티타아제
탄수화물 소화효소 - 말타아제, 락타아제, 수크라제
음식물이 대장까지 이르는 시간 - 평균 18시간
음식물 섭취 후 배변까지의 시간 - 약 30~120시간

5 위액 pH1.5 / 레몬주스 pH2, 식초 pH3 / 오렌지주스 pH4 / 커피 pH5 / 물 pH7 / 췌장액 pH8 / 담즙 pH8.5 / 베이킹소다 pH9 / 암모니아수 pH11.5 / 농축양잿물 pH14

데, 음식과 직접적으로 접하는 점막층을 시점으로 하여 점막하조직, 원형근, 횡문근과 맨 바깥의 결체조직층으로 구성되어 있다.

위 내용물이 소장으로 들어오면 연동작용이 시작되고 다양한 종류의 소화효소들이 분비돼 소화과정이 진행된다. 췌장으로부터는 당질, 지질, 그리고 단백질의 소화를 촉매하는 다양한 종류의 소화효소들이 분비된다. 지방함량이 높은 음식은 십이지장으로 들어와 연동운동이 시작되면, 간에서 만들어져 담낭에 고여 있던 담즙이 십이지장으로부터 분비되어 지질의 유화 및 소화를 돕는다.

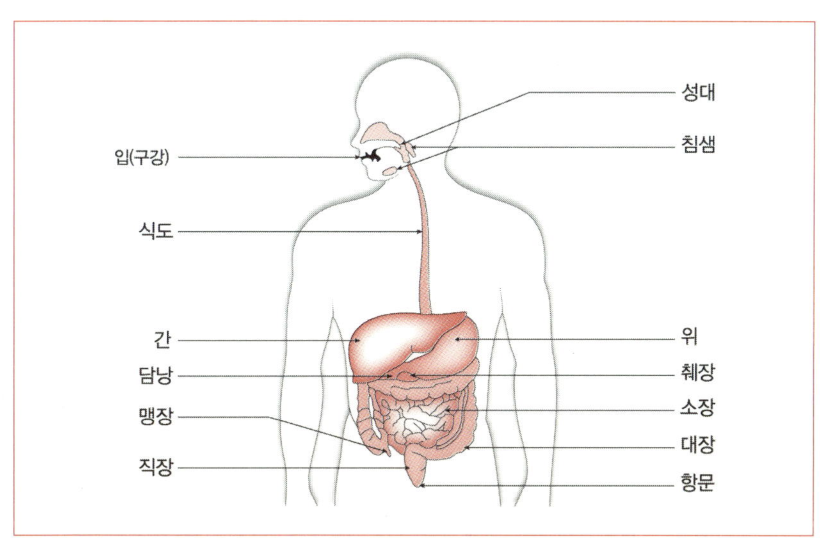

그림 5.2 소화계의 해부도

소장에서의 지질이 소화 흡수되기 위해서는 담즙과 리파아제 효소(췌장에서 분비)가 필요하다. 소장 내로 들어 온 지질은 수용성인 리파아제 효소와 섞이기가 어렵다. 담즙이 유화제의 역할을 하여 지질을 잘게 쪼개어 지질이 수용성인 리파아제와 잘 섞일 수 있도록 해준다. 리파아제는 중성지방이 지방산과 글리세롤로 분해되도록 한다. 소장 점막세포로 흡수된 지방산과 글리세롤은 그곳에서 지단백질의 일종인 '킬로미크론Chylomicron'을 합성하여 림프를 통해 혈액으로 운반된 후 간으로 이동된다.

소장으로 분비되는 췌장액과 담즙은 알칼리성(pH8~9)이므로, 산성이 강한 위 내용물(pH1~2)을 중화시켜 주는 역할을 한다. 소화가 완료되면 섭취된 음식물 중의 영양성분들은 결국 단당류, 지방산, 글리세롤, 아미노산 및 이온 등의 형태로 분리된다.

위는 강한 산성 환경이므로 일반적으로 박테리아가 살 수 없다고 생각되기도 하였으나, 최근 거의 모든 위암환자의 위점막조직에서 '헬리코박터Helicobacter Pylon' 박테리아가 검출되고 있음이 보고되었다. 헬리코박터는 만성위염 및 위궤양의 원인균으로 생각되며, 따라서 감염 시 위장기능에 장애를 초래할 수 있다.

대장에서도 박테리아의 작용이 활발하게 일어나고 있다. 그 결과 다양한 종류의 가스 및 유기산(젖산, 초산, 프로피온산, 뷰티릭산 등)과 함께 독성물질들이 발생된다. 만약 소장에서 소화흡수가 제대로 일어나지 않은 상태로 많은 양의 당질 또는 단백질이 대장에 도달하게 되면 이들 박테리아에 의해 부패되어 다량의 가스와 독성물질이 생성된다.

2) 소화과정에 영향을 미치는 요인들

(1) 식품의 조리가공에 따른 영향

익힌 식품은 생것으로 섭취하는 것보다 소화가 더 잘된다. 고기를 가열하면 결체조직이 약화되어 씹기가 쉬워지며, 식이섬유소 역시 더 부드러워진다. 식품의 조리 및 가공 시 형성되는 성분들이 소화액 분비에 영향을 미치기도 한다. 고열에서 음식을 튀길 때 생성되는 부산물은 소화액 분비를 지연시키는 반면, 고기즙은 소화를 촉진시킨다.

(2) 박테리아의 작용

갓 태어난 아기의 위장관은 어떠한 미생물도 살지 않는 무균상태이나 엄마젖을 빨거나 조제유를 먹기 시작하면서 다양한 미생물이 장속에서 살기 시작하고 성장함에 따라 특정한 장내 균총을 형성하게 된다.

위는 강한 산성 환경이므로 일반적으로 박테리아가 살 수 없다고 생각되기도 하였으나, 최근 거의 모든 위암환자의 위점막 조직에서 '헬리코박터Helicobacter Pylon' 박테리아가 검출되고 있음이 보고되었다. 헬리코박터는 만성위염 및 위궤양의 원인균으로 생각되며, 따라서 감염 시 위장기능에 장애를 초래할 수 있다.

대장에서도 박테리아의 작용이 활발하게 일어나고 있다. 그 결과 다양한 종류의 가스 및 유기산(젖산, 초산, 프로피온산, 뷰티릭산 등)과 함께 독성물질들이 발생된다. 만약 소장에서 소화흡수가 제대로 일어나지 않은 상태로 많은 양의 당질 또는 단백질이 대장에 도달하게 되면, 이들 박테리아에 의해 부패되어 다량의 가스와 독성물질이 생성된다.

(3) 심리적인 영향

개인의 정서적인 상태 이외에도 음식의 외관, 냄새 및 맛이 소화에 영향을 미친다. 음식을 보거나 냄새 맡는 것, 음식을 생각하는 것만으로도 군침이 돌고 위액분비가 촉진된다. 반면 두려움, 불안과 공포 등의 감정은 두뇌를 자극하여 소화관의 연동운동 및 소화액의 분비를 억제한다.

3) 영양소의 흡수와 운반

탄수화물 중 포도당, 과당과 같은 단당류는 그대로 흡수되어 체내에서 이용된다. 그러나 이당류나 다당류는 단당류로 분해되어야 흡수가 가능하다. 설탕은 소장에서 분비되는 슈크라제Sucrase라는 소화효소에 의해 포도당과 과당으로 분해되어 각각 흡수된다. 녹말은 포도당의 중합체이므로 완전히 소화되면 모두 포도당으로 분해되어 흡수된다.

우리가 섭취하는 탄수화물의 대부분은 에너지를 공급하는 데에 쓰인다. 그리고 에너지를 충당하고 남을 때에는 글리코겐으로 저장되었다가 포도당이 다시 필요할 때에 분해되어 포도당으로 방출된다. 그러나 글리코겐이 세포 내에 저장되는 데에는 한계가 있어서 무한정 저장될 수 없다. 그리하여 그 이상 초과된 포도당은 지방으로 전환되어 피하지방 조직에 저장되었다가 에너지가 필요할 때에 에너지로 공급된다. 탄수화물은 지방으로 쉽게 전환되기 때문에 총에너지 섭취가 과다하면 체지방이 되어 체중이 증가한다.

식품 중의 단백질은 소화관에서 각각의 아미노산으로 분해되어야 소장에서 흡수된다. 단백질 섭취가 충분하여 필요한 단백질을 모두 합성하고도 남는 경우에는 역시 지방으로 저장된다. 그리고 포도당이 모자라는 경우에는 포도당을 합성하는 재료로 쓰이기도 한다.

소장은 신체가 필요로 하는 충분한 양의 영양소를 공급해 주기 위해 매일 100g 이상의 지방산, 50~100g의 아미노산 및 펩타이드, 50~100g의 이온들, 그리고 7~8ℓ의 물을 흡수한다. 소장의 길이는 3~4m에 이를 뿐만 아니라 주름이 잡혀 있는 소장 점막은 융모Villi로 덮여 있고, 융모는 다시 미소 융모로 덮여 있어, 소장의 총 흡수면적은 약 250m^2 정도(아파트 70~80평에 해당하는 면적)이다. 주름 내부에는 혈관과 림프관이 자리잡고 있어 융모막을 통해 흡수된 영양소가 순환계로 곧바로 흡수될 수 있도록 되어 있다.

소장의 흡수능력은 신체의 영양상태에 따라 매우 놀라운 적응력을 보인다. 체내의 칼슘 보유량이 낮아지면 소장 상피세포에서 칼슘 흡수율을 증가시킴으로써 식품 중의 칼슘을 최대한도로 이용하고자 하며, 반대로 체내에 칼슘이 충분히 저장되어 있는 상태에서는 장에서의 칼슘 흡수율을 낮춘다.

대장은 길이가 약 1.5m로, 주로 물과 염분, 그리고 대장 내 박테리아에 의해 합성된 일부 비타민의 흡수가 이루어지는 장소다. 섭취된 수분의 거의 대부분이 대장을 통해 흡수되고, 극히 일부만이 대변으로 배설된다. 대변은 75%의 수분과 25%의 고형물로 구성되어 있는데, 고형물의 약 1/3 가량이 죽은 박테리아이며, 나머지는 무기물과 지질 및 식이섬유소들이다.

건강정보

과음·과식과 역류성 식도염[6]

잦은 과음과 과식, 지나친 음주는 위장에 큰 부담을 주고 구토와 역류성 식도염을 유발한다. 역류성 식도염은 위산이나 펩신 같은 위액이 식도로 역류해 식도의 점막을 자극해 염증을 일으키는 질환으로 한해 205만 명이 앓는다. 심하면 식도점막을 손상시켜 궤양과 출혈을 일으키기도 한다. 증상은 속쓰림, 음식·위산 역류, 소화불량 등이며 기관지 수축, 후두염, 만성기침, 흉통, 타액 과다분비, 구역 등이 동반될 수도 있다.

국민건강보험공단에 따르면, 이 같은 역류성 식도염 진료환자가 2001년 49만8,252명에서 2008년 205만9,083명으로 최근 7년간 4배나 늘었다. 위식도 역류질환은 식도에 만성적인 염증을 부르고 식도암을 발생시킬 수도 있어 주의해야 한다.

위는 나이가 들수록 음식물에 보다 민감해져 긴장해 위산분비가 늘어난다. 역류는 인간에게만 있는 현상이다. 동물은 독성 있는 음식물을 먹으면 밖으로 배출할 수 없어 죽지만, 사람은 역류를 통해 해로운 음식물을 제거하는 독극물 제어시스템이 있다. 바로 이 구조를 타고 위산이 역류하는 것이다. 독성 음식물을 먹으면 토하고 트림하는 것은, 바로 이 같은 시스템이 작동해 나타나는 것이다. 예를 들어, 늦은 밤에 과음, 과식을 했을 경우 위산분비가 늘어나 그 위험도가 높아져 위산이 식도 꼭대기까지 올라올 수 있다.

식도는 위에 비해 위산방어 능력이 훨씬 약해 위산에 민감하게 반응한다. 목구멍이 불붙은 성냥개비로 지지는 것과 같은 통증을 느끼는 것도 이 같은 이유 때문이다. 이처럼 역류가 계속되면 연약한 식도 곳곳이 헐고 염증이 생겨 역류성 식도염이 되는 것이다.

역류성 식도염은 내시경검사를 통해 식별이 가능하지만, 육안으로 이상이 없음에도 증상이 나타난다면 24시간 산도검사로 살펴봐야 한다.

역류성 식도염은 여성보다 남성에게서 많이 발병한다. 남성이 여성보다 체질량지수가 높고 음주와 흡연을 많이 하기 때문이다. 이대목동병원 소화기내과 정혜경 교수팀이 2007년 1월부터 12월까지 위내시경검사를 받은 검진자 8,362명을 대상으로 조사한 결과에서도 역류성 식도염에 걸린 환자는 남성 487명(10.4%), 여성 68명(1.9%)으로 남성의 발병률이 여성보다 5배 이상 높았다. 정교수는 "남자가 여자에 비해 역류성 식도염이 많은 것은 음주와 흡연, 스트레스가 많기 때문"이라고 분석했다. 증상도 남·여에 따라 차이가 있다. 남성은 가슴이 타는 것 같은 흉부작열감, 위산 역류 등 역류성 식도염의 전형적인 증상을 호소하지만, 여성은 소화불량, 속쓰림, 인후이물감 등 비전형적인 증상을 주로 보인다.

역류성 식도염의 치료는 일상생활의 조절과 약물요법이 있다. 증상이 가벼우면 식습관 개선과 함께 제산제 등 약물치료를 병행하고, 증상이 심하면 산억제 치료가 필요하다. 전북대병원 의학전문대학원 이비인후과학교실 홍기환 교수는 "금연, 금주, 비만 개선과 함께 취침 전 음식섭취와 식후 즉시 눕는 행동을 피해야 한다."며 "기름진 음식, 초콜릿, 박하, 와인, 콜라, 오렌지주스 등의 섭취를 줄여야 한다."고 조언한다.

잠을 잘 때에도 왼쪽으로 누우면 위의 구조상 소화되기 전 음식물이 하부 식도 괄약근에 자극을 덜 줘, 생리학적으로 위산의 역류를 막는데 도움이 된다.

6 이병문, 과음·과식과 역류성 식도염, 매일경제 2009년 12월 18일자.

건강정보

15분 내로 밥 먹는 사람, '위염 발생률 1.9배 높다'[7]

평소 15분 이내로 밥을 빨리 먹는 사람은 천천히 먹는 사람에 비해 위염 발생 위험이 최대 1.9배 높다는 연구결과가 나왔다. 강북삼성병원 서울종합검진센터 고병준 교수팀이 2007~2009년 건강검진을 받은 1만893명을 대상으로 식사속도와 위염의 상관관계를 분석한 결과, 식사시간이 5분 미만이거나 5~10분인 사람은 15분 이상인 사람보다 위염에 걸릴 위험도가 각각 1.7배, 1.9배 높은 것으로 나타났다고 밝혔다. 식사시간이 10분 이상~15분 미만인 경우에도 15분 이상 천천히 먹는 사람보다 위염 위험도가 1.5배 높았다.

고 교수는 "밥을 빨리 먹으면 포만감을 덜 느끼게 되어 과식으로 이어지고, 과식으로 인해 음식물이 위에 오래 머물수록 위산에 많이 노출되어 위장질환이 생길 위험이 높아진다."고 말했다.

04 영양소의 기능

1) 당질의 체내 기능

① 주된 에너지원이다. 당질 1g은 4㎉의 에너지를 발생하는 에너지영양소 중의 하나로 식품 중에 가장 풍부하며 대체로 가격이 저렴하다. 일반적으로 우리나라 사람들은 1일 필요한 에너지의 60~70%를 당질로 섭취한다. 섭취된 당질은 소화 흡수되어 혈액을 통해 온몸으로 이동되어 에너지원으로 이용된다.

② 혈당농도를 유지한다. 정상적인 영양상태 하에서는 신경조직, 적혈구 등은 지방질이나 단백질과 같은 다른 에너지원은 사용하지 못하고 혈액 중의 포도당만을 에너지원으로 이용한다. 따라서 혈당농도가 일정수준으로 유지되는 것은 매우 중요하다.

혈당은 혈액 100㎖ 중 공복시에는 80㎎, 식사 후는 120㎎이 정상이다. 혈당이

7 조선일보, 2015년 12월 18일자.

100㎖ 당 20㎎ 이하로 내려가면 발작이 일어나는데, 이때 적절히 치료하지 않으면 사망한다. 반대로, 혈당이 100㎖ 당 180㎎ 이상이면 당질이 소변으로 빠져나가는 당뇨증세가 나타난다. 혈당을 조절하기 위한 포도당의 저장은 간 조직에 글리코겐 형태로 이루어진다. 그러나 글리코겐의 저장량은 약 1/2일 정도에 해당한다. 따라서 식이를 통한 규칙적이고 적절한 당질의 섭취가 혈당농도의 유지를 가능케 한다.

포도당은 체내의 대사과정에서 탄산가스와 물로 분해되어 화학에너지인 ATPAdenosine Triphosphate를 생성한다. 따라서 1분자의 포도당이 체내에서 산화되면 총 38ATP가 생성된다.

$$C_6H_{12}O_6 + 6O_2 \xrightarrow{\text{호흡}} 6CO_2 + 6H_2O = 38ATP$$

이와 같은 과정을 거쳐 생성된 ATP는 근육수축, 신경작용, 심장박동, 호흡 등에 필요한 여러 신체적 작용에 쓰여진다. 이때 에너지로 이용되는 양보다 많은 양의 탄수화물을 섭취하게 되면 글리코겐의 형태로 간, 근육에 저장되거나 지방조직에서 지방으로 전환된다.

③ 단백질의 소모를 줄인다. 당질을 적게 섭취하는 경우, 혈당의 농도를 유지하기 위해 체내 단백질로부터 당질의 생합성이 일어나므로 단백질이 소모된다. 또한 단백질을 구성하는 아미노산 중 비필수아미노산은 당질로부터 합성될 수 있다. 이러한 점에서 당질의 적절한 섭취는 단백질을 절약해 주는 효과가 있다.

④ 지방의 불완전산화를 방지한다. 체내당질이 부족하거나 당질의 이용효율이 낮은 상태가 지속되면 간 조직에서는 지방질의 산화 중간산물인 케톤체가 생성되는데, 이는 뇌 조직에 있어서 부족한 혈당 대신 에너지원이 된다. 그러나 혈액 중에 케톤체의 농도가 높아지면 혈액이 산성화되는 Ketoacidosis가 초래된다. 적절한 양의 당질 섭취는 지방질의 불완전산화를 방지한다.

⑤ 식이섬유소는 소화기관의 작용을 돕는다. 전곡류, 채소 및 과일 등에 함유되어 있는 Cellulose, Hemicellulose, Pectin 및 Gum 등의 비소화성 다당류를 식이섬

유소라 한다. 이들 식이섬유소는 인체에 소화·흡수되지 않으나 소화기관과 장질환 및 대사성질환에 영향을 나타낸다. Dietary Fiber는 변의 양을 증가시키며 소화관을 자극하므로 통변을 용이하게 하여 변비의 예방 및 치료와 더불어 장게실증, 탈장 및 치질 등의 발생률도 낮춘다. 이들 섬유소는 대장암과 직장암의 예방효과가 있다.

섬유질은 소화되지 않기 때문에 장 내용물의 부피를 증가시키므로 영양소의 흡수를 방해하게 된다. 그러므로 저영양 상태인 사람의 경우, 섬유소섭취가 과다하면 영양상태가 더욱 나빠질 수 있다. 그러나 과잉영양 상태에 있는 사람들의 경우, 식이섬유소의 영양소 흡수억제는 비만을 예방치료하며, 혈액 중 지방질이나 콜레스테롤의 함량을 낮춰 관상동맥질환을 예방해주는 효과가 있음이 알려졌다. 또 비슷한 이유로 담석증의 발생률도 낮추며, 식후혈당의 상승을 늦춰 당뇨병 조절에도 효과가 있다.

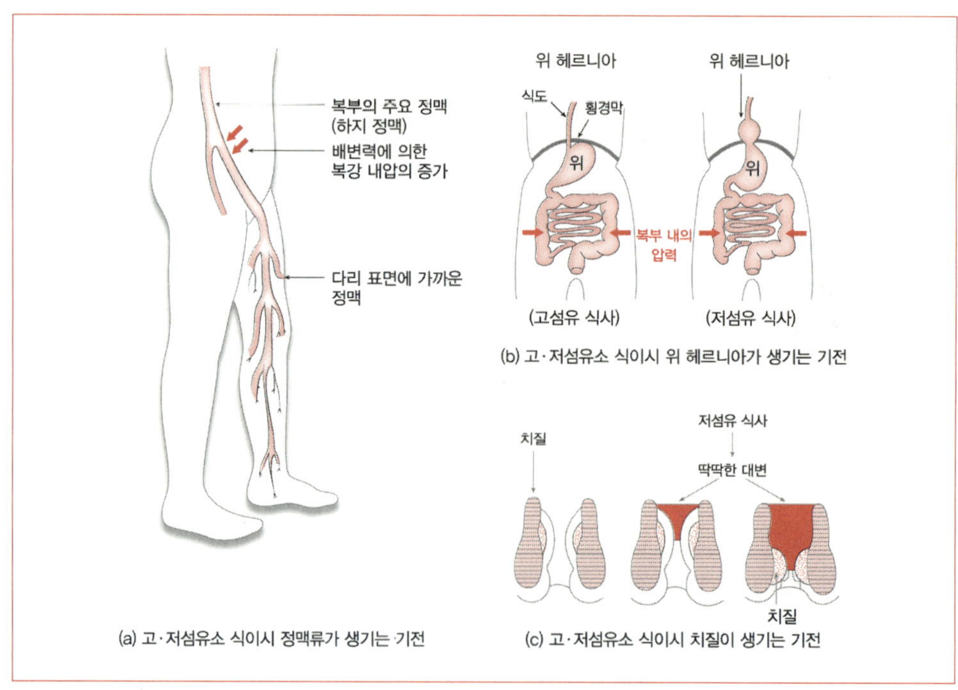

그림 5.3 식이섬유소 관련 기전

건강정보

식품별 섬유소 함량(단위 : g)

쌀밥 1공기 : 0.4	양배추 2장 : 0.6	파슬리 1대 : 1.0
현미밥 1공기 : 0.9	샐러리 1대 : 0.2	사과 1개 : 1.5
옥수수 1개 : 1.6	오이 1개 : 0.8	배 1개 : 2.2
감자 1개 : 0.8	미나리 1개 : 1.0	건미역 100g : 2.4
고구마 1개 : 2.2	당근 1개 : 1.2	건다시마 100g : 4.1
배추김치 1인분 : 0.7	깍두기 1인분 : 0.4	김 100g : 4.8

2) 지방질의 체내기능

① 농축된 에너지원이다. 지방질 1g은 9kcal의 에너지를 낸다.

② 필수지방산Essential Fatty Acid을 공급한다. 필수지방산은 정상적인 성장과 건강의 유지에 필수적이며 체내에서는 합성되지 않는 지방산으로서 참기름, 옥수수기름 및 면실유 등 식물성기름에 많다. 이중결합의 위치에 따라 Linoleic Acid와 Arachidonic Acid은 n-6지방산에 속하며, Linolenic Acid은 n-3지방산에 속한다. 아라키돈산은 리놀레산으로부터 합성이 가능하기 때문에 필수지방산에서 제외되기도 한다. 이들 지방산이 부족하면 성장장애와 피부의 각질화가 일어나므로 이들을 성장인자 및 항피부병인자라고도 한다. 결핍되면 불임증, 신장과 간 조직의 이상, 모세혈관의 약화, 절혈구의 약화 등을 초래한다.

지방이 전혀 함유되어 있지 않은 식이를 섭취했을 때 피부장애를 일으키며, 필수지방산이 결핍되었을 때에는 주로 건조하고 비늘이 생기는 살갗(Scaly Skin), 성장저해, 불임증, 피하출혈 등의 증상이 나타난다.

③ 생체막의 구성성분이 된다. 지방질의 지방산은 인지질의 구성성분이 된다. 인지질과 콜레스테롤은 세포막을 비롯한 모든 생체막의 구성성분이다. 중추신경조직, 간 등의 기관에는 이들 지방질이 특히 높다. 또한 콜레스테롤은 담즙산, 성호르몬 및 비타민 D의 전구체이다.

④ 에너지 저장원이다. 섭취되는 과잉의 영양소는 일부 당질이 식사와 식사 사이의

혈당조절을 위해 글리코겐으로 저장되는 것을 제외하고는 중성지방으로 전환되어 주로 피하, 복강 및 근육 등에 저장된다. 이러한 저장된 지방은 추후 에너지원으로 이용될 뿐 아니라 체온유지 및 충격에 대한 주요장기의 보호역할도 한다.

⑤ 지용성비타민을 함유한다. 비타민 A, D, E, K 등은 지용성비타민으로 지방질에 용해되어 있다. 그러므로 간유나 버터 등의 유지류는 지용성비타민의 공급원이 되며, 채소류의 조리에 기름을 상요하면 지용성비타민의 흡수율이 증가된다. 오메가3지방산 - 어유에 대해서 많은 과학자들이 관심을 갖게 된 것은 생선을 많이 먹는 그린랜드 에스키모인, 일본의 어부와 태평양 연안의 인디언들은 관상동백질환이 거의 걸리지 않는다는 데 있다. 또한 에스키모인들은 혈중 LDL-콜레스테롤 함량도 낮았다는 것이다. EPAEicosa Pentaenoic Acid, C20 : 5, DHA Docosahexaenoic Acid, C22 : 6는 어유에, Linolenic Acid는 식물성기름에 다량 함유되어 있다.

오메가3지방산이 인체 내에서 대사과정에 미치는 영향은 다음과 같다.

① 간에서 중성지방Triglyceride 합성을 저하시킨다.
② 혈소판의 응집으로 인해 생기는 혈액 응고 즉 혈전을 감소시킨다.
③ 산소부족으로 조직이 손상을 입었을 때 이를 재생시키는데 도움을 준다.
④ 심장마비나 뇌일혈의 주요 요인인 혈압을 낮추는 효과가 있다.

그러나 지나치게 많이 섭취하면 혈관벽이 얇아져서 출혈의 위험성이 증가된다. 간에서 추출한 오메가3지방산은 비타민 A와 D의 함량이 높아서 다량을 섭취했을 때 중독의 위험성도 있다. 그리고 어유는 콜레스테롤의 함량이 높아서 대구간유 100g 중에 콜레스테롤이 570mg 들어있고, 기타 어유 100g 중에는 600mg 이상의 콜레스테롤이 들어있어 주의해야 한다. 호두유, 밀배아유, 채종유, 대두, 콩, 해조류 등에도 오메가3지방산이 많이 들어있어 어유보다 부작용이 적다. 오메가3지방산을 1일 4g 이상 섭취하면 혈액응고를 저해하는 부작용도 있다.

건강정보

식품성분표시

1회 분량 1개(100g)	총 3회 분량(200g)
1회 분량 당	1회 분량 당
열량 402㎉	지방 26g
탄수화물 40g	포화지방 15g
식이섬유 2.5g	트랜스지방 0g
당류 20g	콜레스테롤 30㎎
단백질 4g	나트륨 300㎎

콜레스테롤

콜레스테롤은 우리 몸의 세포막과 담즙산을 만드는데 필수적인 성분이다. 또 성 호르몬과 비타민 D의 체내합성을 돕는다. 그럼에도 콜레스테롤은 필수영양소로 분류되지 않는다. 음식을 통해 섭취하지 않더라도 충분한 양의 콜레스테롤이 몸 안에서 만들어지기 때문이다. 간 등 체내에서 합성되는 콜레스테롤 양은 음식을 통해 섭취하는 양의 2배 이상이다. 콜레스테롤 식품을 제한해도 혈중콜레스테롤 수치가 낮아지지 않는 것은 이런 이유 때문이다.

위에서 콜레스테롤 함량을 보면, 1회 분량은 30㎎(하루권장량 10%), 콜레스테롤 하루섭취 권장 300㎎, 무콜레스테롤은 0이 아니고 5㎎ 미만을 의미한다.

3) 단백질의 체내기능

① 체내 단백질 합성에 필요한 아미노산을 제공한다. 식이 중의 단백질은 위장관에서 아미노산으로 소화된 다음 흡수되고 각 조직에 운반되어 단백질의 합성에 사용된다. 체내에서 합성되는 이들 각각의 단백질은 생명현상에 필수적인 고유한 기능을 하고 있다. 신체구성과 성장, 물질대사, 물질운반, 면역, 영양소 저장, 유전자 발현조절, 운동, 삼투압유지, 완충작용 등 모든 생명현상에 관여하는 단백질들이 체내에서 합성되기 위해서는 20가지의 아미노산이 필요하다.

② 에너지원이다. 단백질은 체내에서 1g당 4㎉의 에너지를 낸다. 당질이나 지방질과 달리 단백질은 탄소, 수소 및 산소 외에 질소를 가지고 있는데, 체내에서 완전 산화되지 않고 요소로 전환되어 소변으로 배설된다.

③ 당질부족 시 당질로 전환될 수 있다. 체내에 당질이 결핍된 상태에서도 지방질은 당질로 전환될 수 없으나, 단백질은 당질 생합성의 원료가 된다. 당질이 적은 식사를 하거나 굶게 되면 체내 근육단백질이 분해되어 당질로 전환된다.

④ 과량의 단백질은 지질로 전환되어 저장된다. 단백질 합성과 1일 필요한 에너지 생성에 사용되고 남는 여분의 아미노산은 지질로 전화되어 체내에 저장된다.

4) 비타민의 체내기능

① 조효소의 전구체가 된다. 체내에서는 정상적인 생명현상을 이루기 위해 에너지 대사 및 생체 구성물질의 합성 및 분해 등 수많은 화학반응이 일어난다. 이 모든 화학반응은 생체촉매인 효소라는 단백질에 의해 촉진된다. 효소가 촉매작용을 하는데 필요한 이들 유기화합물을 조효소라고 한다. 비타민 B군과 비타민 C 및 비타민 K는 조효소의 전구체이다. 이들 조효소를 필요로 하는 효소는 에너지대사, 합성 등 많은 반응에 관여하므로 적당량의 비타민이 각각 공급되지 않으면 체내의 모든 조직들이 정상적인 기능을 할 수 없게 된다.

② 시각 및 세포의 분화와 성장에 관여한다. 망막세포의 특정 단백질에 결합된 비타민 A는 빛에 의해 반응한다. 이것이 우리가 빛을 느끼는 첫 단계이다. 따라서 비타민 A의 결핍은 야맹증을 유발시킨다. 또한 비타민 A는 상피세포의 성장과 분화에 관여한다. 그러므로 비타민 A의 결핍은 상피세포의 각질화와 안구건조증을 유발시킨다. 세포의 분화가 적절하게 이루어지지 않으면 세포는 계속해서 분열하게 되는데, 이것은 암세포의 특성과 비슷하게 된다. 또한 상피세포가 각질화 되는 경우 발암성물질에 쉽게 노출되어 암이 촉진될 수 있다. 이와 같은 기능 때문에 비타민 A는 폐암 및 몇 종류의 암 예방효과가 있는 것으로 알려졌다.

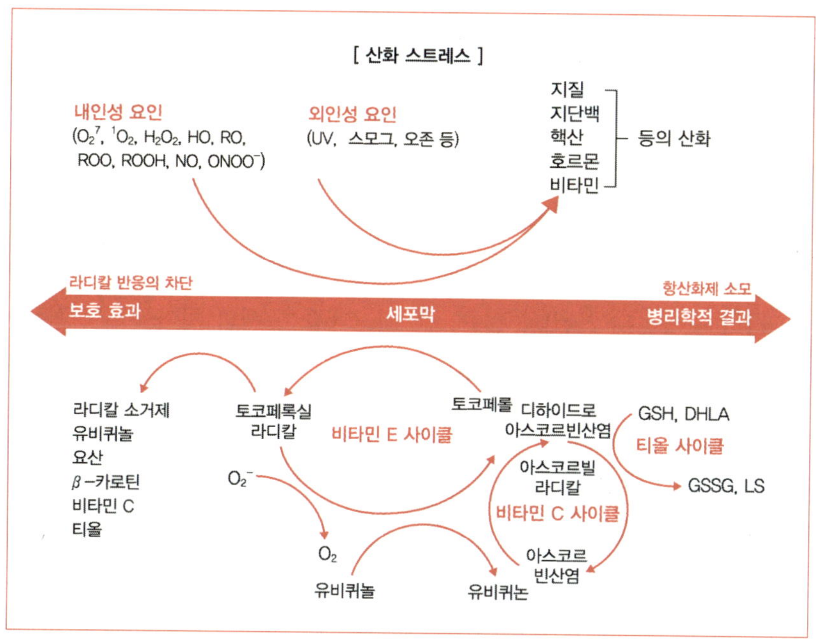

그림 5.4 항산화제의 작용기전

③ 항산화제로 작용한다. 비타민 C와 비타민 E는 항산화제로 작용하여(그림 5.2 참조) 체내에서 끊임없이 생산되는 과산화물, 슈퍼옥시드음이온, 수산 Free Radical 등 산소가 불완전하게 환원된 활성산소종을 제거한다. 활성산소종은 체내 구성물질인 핵산, 지방질 및 단백질 등과 반응하여 세포의 기능을 떨어뜨리거나 조절기능을 변화시키게 되고 더 나아가 여러 종류의 질병, 암 및 세포의 노화를 일으키는 원인으로 생각되고 있다. 이런 점에서 이들 항산화기능을 갖는 비타민 C와 비타민 E는 항암효과가 있는 것으로 생각되고 있다. 또한 비타민 E는 항불임인자로 알려져 있다.

④ 비타민 D는 체내에서 두 단계의 화학반응이 일어나 호르몬과 같은 기능을 하게 된다. 전환된 비타민 D는 소장세포에 작용, 칼슘 흡수에 관여하는 단백질합성을 촉진하여 칼슘의 흡수를 돕는다. 성장 시 비타민 D의 결핍은 구루병을 유발하며 성인의 경우에는 골다공증 또는 골연화증이 초래된다.

5) 무기질의 체내기능

무기질은 생체를 구성하는 성분이며, 체내에서 유기물질을 완전히 연소시킨 후에도 남아 있는 생물체의 회분의 주된 구성성분이다. 즉 무기물은 탄소를 함유하지 않은 금속이온 또는 비금속이온이다.

① 경조직의 구성성분이 된다. 칼슘, 인, 마그네슘은 뼈와 치아를 구성하는 성분으로 이들의 결핍은 경조직의 약화를 가져온다. 칼슘의 결핍은 뼈의 발육이 제대로 이루어지지 않거나 약하게 된다.

② 체내 수분의 평형유지에 관여한다. 체내 수분은 체중의 약 60%를 차지하는데, 세포 외액과 세포 내액으로 구분된다. 이들 교환은 세포막을 통해 이루어지는데 삼투압에 의하여 결정된다. 나트륨, 칼륨 및 염소이온들은 체내 삼투압을 결정하는 주된 무기질이다.

③ 체내 산 알칼리 평형유지에 관여한다. 체내에 양이온의 증가는 알칼리성을 나타내게 하고 음이온의 증가는 산성을 나타내게 한다. 채소 및 과일에는 금속 무기질이 상대적으로 많아 체내에서 대사되어 양이온의 농도가 증가되므로 알칼리성식품이라고 하며 육류, 생선, 가금류, 난류 및 곡류 등은 체내에서 보다 많은 음이온을 생성하므로 산성식품이라고 한다. 평소의 식생활에서 양이온과 음이온의 균형이 맞지 않더라도 우리 몸은 단백질과 인산 완충계, 호흡에 의한 탄산완충계의 조절 및 신장에서의 무기질 배설 등을 조절하여 일정한 산도를 유지하고 있다.

④ 단백질의 성분 및 효소의 도움 인자가 된다.

⑤ 신경 및 근육조직의 기능에 관여한다. 신경세포의 흥분 및 신경전달에는 나트륨, 칼륨이온 등이 세포막 내 · 외로 이동하는 것에 의해 전위차가 변화되어 일어난다. 근육의 수축 및 이완에는 칼슘이온 등이 관여된다.

⑥ 갑상선호르몬의 구성성분이 되거나 인슐린의 작용을 돕는다. 요오드는 에너지 대사를 조절하는 호르몬인 갑상선 호르몬의 구성성분이다. 혈당량을 조절하는

호르몬인 인슐린의 생산과 지장에는 아연이 관여되며, 크롬은 인슐린의 기능을 강화한다.

6) 물의 체내기능

① 여러 가지 생리기능을 담당하는 용매다. 여러 영양소를 체내에 운반하고 또 조직으로부터 폐기물을 제거하기도 하며, 소화기관 내의 물은 소화물질의 매개체로서 대사 폐기물을 배출하기도 한다. 신장은 수분조절 기능을 가지고 있어 물의 섭취량이 부족하면 소변으로 배설되는 양이 크게 줄고, 반대로 물의 섭취량이 많으면 오줌으로의 배설량이 크게 늘어남으로써 자체조절이 이루어진다.

② 체온을 조절한다. 피부와 호흡기로부터 증발됨으로써 조절한다. 갈증은 왜 느낄까? 체내의 신진대사 과정에서 생성되는 노폐물인 암모니아 농도가 높아지기 때문이다. 특히 암모니아는 독성이 강하기 때문에, 이를 간에서 독성이 약한 요소Urea로 전환시켜 소변으로 배설시킨다. 따라서 신체 내의 수분은 독성물질을 배출시키는 희석제 역할을 하며 수분이 약간만 부족해도 혈중의 독성농도가 높아져 갈증을 느끼게 되는 것이다.

05 영양소의 필요량

19세기 말부터 영양학의 연구가 진보되면서 신체에 필요한 영양소량에 대한 고찰이 이루어졌다. Voit는 1860~1870년대 독일인의 음식물을 분석하여 중노동을 하는 성인남자는 하루에 에너지량 3,055㎉, 단백질 118g, 지질 56g이 필요하다고 밝히고 표준식을 정하였다. 그 후 많은 연구자들이 에너지량, 단백질, 비타민, 무기질의 적당한 섭취량에 대한 연구를 계속하였다.

1925년 제1차 세계대전 후에 UN의 전신인 국제연맹의 보건기구는 이 문제를 공중보건과 관련하여 취급하였다. 1943년 미국의 식량영양위원회Food and Nutrition Board, National

Research Council는 에너지량, 단백질, 칼슘, 철, 비타민 A, B_1, B_2, C, D, 나이아신에 대해 권장량을 결정 발표하였다. 이 영양권장량은 제2차 세계대전 중에(1943년) 개최된 식량 및 농업에 관한 국제회의에 소개됨으로써 국제적으로 평가되고 인식되었다.

우리나라는 1962~1979년까지는 국제연합식량농업기구 한국협회에서, 1985년부터는 한국인구보건연구원에서 영양권장량을 거의 5년마다 개정하여 2010년에 제9차 개정을 하였다. 영양권장량은 일반인들의 정상적인 기능과 건강을 유지하는데 필요한 양에 30~40% 정도의 안전량을 포함시킨 것이다. 안전량은 각 개인의 유전적인 차이에 따라 일어날 수 있는 예기치 못한 증가량 등 여유분의 양을 나타낸 것이다. (앞의 표 3.4 참조)

 성인의 영양관리[8]

성인은 19세에서 64세까지 넓은 연령층이다. 신체적 · 정신적 변화가 끝나고 부분적인 노화가 시작되나 일생동안 가장 안정된 기간으로 성인기의 건강은 올바른 식습관뿐만 아니라, 운동여부, 흡연여부, 음주, 스트레스관리방법에 따라 좌우된다.

1) 성인기의 특성

① 대부분 신체기관은 20세에 생리적 성숙에 도달하지만, 근골격계 발달 중 최대신장은 20세 초반에 완성되나, 최대근육 강도는 최대신장 5년 후에 나타나고 골질량은 30대 초반까지 축적되어 약 35세에 최대 골질량에 도달한다.

② 제지방량이 10년마다 2~3%가 감소하고, 지방량이 서서히 증가한다.

③ 기초대사량이 서서히 감소하고, 운동량이 증가하지 않으면 체중이 증가한다.

④ 여성의 경우 45세에서 55세 사이에 폐경기를 경험하고, 여러 가지 갱년기 증상

8 대한영양사협회 자료실 : '우리가족의 영양관리 중' 제공.

을 경험한다.

⑤ 특히 에스트로겐 분비감소는 골다공증이나 심혈관계질환의 위험이 증가한다.

⑥ 사회 · 심리적 요인으로 남성은 경쟁체제의 경제활동으로 스트레스가 쌓이고, 여성은 가사노동, 육아와 자녀교육에 대한 부담, 특히 직장여성은 일과 가정을 병행해야 하는 이중부담이 있다.

⑦ 음주 및 외식의 기회가 많아 과열량 섭취에 대한 체중증가도 우려되며, 특히 40대 남성의 경우 스트레스와 음주, 흡연 등으로 올바른 영양관리가 필요한 시기이다.

2) 성인의 영양권장량

표 5.3 한국인 영양섭취기준 – 다량영양소(표 3.4와 동일)

성별	연령	표준신장 cm	표준체중 kg	에너지 kcal 권장량	단백질 g 필요량	V.A μgRE 권장량	V.D μg 충분섭취량	V.E mgαTE 충분섭취량
남자	19~29	173	65.8	2,400	45	750	5	12
여자	19~29	160	56.3	1,900	35	650	5	10
			V.C mg 권장섭취량	$V.B_1$ mg 권장섭취량	칼슘 mg 권장섭취량	인 mg 권장섭취량	나트륨 g 충분섭취량	철 mg 권장섭취량
남자	19~29	173	100	1.2	750	700	1.5	10
여자	19~29	160	100	1.1	650	700	1.5	14

자료 : 한국영양학회, 2010년.

3) 성인기의 영양관리

(1) 식사관리

건강한 일반성인은 성인을 위한 식생활지침을 활용하고 성인병이 있는 사람은 질환에 따른 식이요법을 한다. 중년 성인의 경우 건강기능식품과 보약에 대한 과신으로 많이 복용하는 경우 오히려 건강을 해치는 결과를 가져올 수 있으므로 주의한다.

직장인들은 결식이나 외식을 많이 해서 영양적으로 문제가 많을 수 있다. 특히 남성들은 육류 위주의 외식으로 열량이 너무 높고 동물성지방 섭취가 많고 음주로 인한 과잉열량 섭취 및 불균형적인 식사로 인해 비만이 우려된다.

(2) 운동습관 및 스트레스관리

성인기에는 규칙적으로 운동하는 좋은 생활습관을 가지는 것이 건강을 유지하는 길이다. 규칙적인 운동으로 신체가 단련되면 혈액순환이 좋고 근육량이 증가하여, 기초대사량이 증가하고 체지방을 에너지원으로 이용할 수 있다. 또한 심폐기능을 좋게 하고 총콜레스테롤은 감소시키며, HDL-콜레스테롤을 증가시켜 심혈관계 질환 위험을 낮출 수 있다. 혈압을 조절하고 체중을 줄일 수 있고 당뇨병에도 효과적이고 아울러 스트레스를 해소시켜 준다. 스트레스를 줄이기 위해서 원인을 깨닫고 이해함으로 현실적인 대처방법을 모색한다.

(3) 금연과 영양

흡연자는 알코올, 탄수화물 등 고열량식품의 섭취가 높고, 채소류와 과일류 섭취가 낮은 반면, 기름진 음식의 섭취가 높고 특히 커피 등 기호식품의 섭취량이 높다. 흡연자에게는 항산화영양소 요구량이 증가되므로 특히 비타민 A, C가 풍부한 채소와 과일을 많이 섭취하는 것이 폐암의 위험도 감소에 도움이 된다. 따라서 흡연자의 항산화 영양상태를 향상시키기 위해서는 금연이 최선의 방법이지만, 어려우면 비타민이 풍부한 채소, 과일을 충분히 먹는 것이 중요하다.

(4) 음주와 영양

적당량의 음주를 정의하기에는 음주자의 체질, 연령, 술의 종류 등 여러 요인이 복합적으로 작용하기 때문에 안전한 음주량을 결정하기는 어렵다. 일반적으로 여자는 하루에 1잔 이하, 남자는 하루 2잔 이하를 적당한 음주라고 인정한다. 술의 양은 달라도 그 안에 포함된 알코올의 양은 비슷하게 약 12~14g이다.

음주를 할 때에는 공복 시에는 절대로 하지 말고, 영양가 높은 식품을 함께 먹어야 한다. 술은 가급적 알코올 농도가 낮은 것으로 마시고, 독한 술은 물 또는 주스와 섞어서 마신다. 만성적인 음주자는 다른 식품의 섭취가 감소되기 쉽고 비타민, 무기질 섭취부족으로 일차적인 영양불량을 초래한다.

숙취를 해소하기 위해서는 꿀물, 과일과 같은 과당을 섭취하는 것이 좋다. 또한 충분한 단백질을 섭취하고, 열량을 충분히 공급해 주면서 비타민과 무기질을 공급해 준다. 식사는 탄수화물 위주의 식사를 하며, 특히 비타민 C 공급을 위해 과일을 먹는 것이 좋다. 아침식사 시 아스파르트산이 많이 든 콩나물국을 먹거나 북어국을 먹으면 숙취해소에 도움이 된다.

4) 성인을 위한 식생활지침

① 각 식품군을 매일 골고루 먹자.
② 활동량을 늘이고 건강체중을 유지하자.
③ 청결한 음식을 알맞게 먹자.
④ 짠 음식을 피하고 싱겁게 먹자.
⑤ 지방이 많은 고기가 튀긴 음식을 적게 먹자.
⑥ 술을 마실 때는 그 양을 제한하자.

07 노년의 영양관리[9]

연령대가 65세 이상 되는 시기로 생리적 기능의 감소, 잦은 질병, 사회 · 경제적 위축 등으로 영양 취약 시기이다.

9 대한영양사협회 자료실 : '우리가족의 영양관리 중' 제공.

1) 노년기의 특징

① 신체적인 변화 : 치아손상, 의치, 소화불량, 변비, 맛, 냄새를 잘 못느낌
② 환경적인 변화 : 활동량 감소, 식사준비 문제, 건강에 대한 염려
③ 식욕이 줄고 식사를 거르게 되며 음식을 골고루 먹지 않음. 당뇨병, 고혈압, 암, 심장병, 뇌졸중, 치매, 골다공증, 관절염 발생빈도 높음
④ 여러 가지 약물복용으로 소화기능의 감소와 맛에 대한 민감도가 낮아짐

2) 노년기의 영양권장량

① 남자 체중 59.2kg, 에너지 2,000kcal, 칼슘 700mg, 철 9mg
② 여자 체중 50.2kg, 에너지 1,600kcal, 칼슘 700mg, 철 8mg

3) 노년기의 영양관리

① 규칙적으로 적은 양을 자주 먹는다.
- 수분 : 나이가 들수록 수분을 적게 마셔서, 변비나 탈수현상이 생기기 쉬우므로 하루 8잔의 물을 섭취한다.
- 곡류 및 전분류 : 곡류와 전분류는 생활에서 힘을 내게 한다. 이 중 식이섬유소는 변비나 암을 예방하고, 혈당과 혈중콜레스테롤을 낮추어 준다.
- 식이섬유소 : 흰밥, 흰빵보다 도정이 덜 된 잡곡밥을 먹는다. 채소, 과일, 해조류를 충분히 먹는다.
- 채소 및 과일류 : 채소와 과일에는 비타민과 무기질이 많아서 몸의 정상적인 활동에 도움을 준다.
- 고기, 생선, 달걀, 콩류 : 고기, 생선, 달걀과 콩류는 단백질 식품으로 우리 몸을 만들고 유지하는데 필요하다. 노인들은 질이 좋은 단백질을 충분히 섭취해야 한다.
- 우유 및 유제품 : 우유와 유제품에 많은 칼슘은 뼈나 치아를 만드는 데에 필

요하다. 나이가 들수록 뼈에 있는 칼슘이 빠져나가 골다공증에 걸리기 쉽다. 하루 700㎎ 정도의 칼슘을 섭취해야 한다.

- 유지 · 견과 및 당류 : 주로 단순당, 지방으로 되어 있어 열량만 제공한다. 당류는 설탕, 꿀, 사탕 등으로 많이 먹으면 식욕이 줄고, 비만이 되기 쉬우므로 조심해야 한다. 지방은 열량을 많이 내고 음식 맛을 좋게 하며 포만감을 준다. 동물성기름과 콜레스테롤을 적게 먹으려면 기름기는 제거하고, 살짝 삶은 후 조리한다. 삼겹살, 닭껍질 등 기름기가 많은 부위는 자주 먹지 않는다. 육류보다 생선을 즐긴다. 고기요리에는 채소를 곁들이거나 찜, 구이를 이용한다.

② 식사 때마다 영양소 밀도가 높은 음식을 포함시킨다. 노인은 성인과 비교해 에너지 필요량은 적으나 다른 영양소 권장량은 큰 차이가 없으며, 한꺼번에 많은 양을 먹지 못하므로 영양밀도가 높은 식단을 짜야 한다. 육류, 우유, 치즈, 달걀, 두부 등의 섭취가 중요하다.

③ 노인의 기호, 치아상태, 소화능력을 고려하여 식품의 선택과 조리방법에 세심한 배려가 필요하다. 노인들은 부드럽고 달고 따뜻한 음식을 좋아하며, 맵고 짜며 신 것을 싫어한다. 생선과 육류를 좋아하고 채소 및 과일을 별로 좋아하지 않는 경향이다.

④ 색, 풍미, 형태가 다양한 음식을 차리고, 밝고 환한 곳에서 식사를 하여 식욕을 돋운다. 식사 전에 간단한 몸동작을 하거나 걸러보는 것도 식욕을 돋울 수 있다.

⑤ 노인들은 단맛에 대한 역치의 증가 또는 외로움을 달래기 위해 단맛이 강한 연질음식이나 음료를 좋아하게 된다. 케이크나 과자류, 사탕, 초콜릿, 콜라, 사이다 등 'Empty Calorie' 식품이므로 과잉섭취하지 않도록 한다.

⑥ 변비와 만성질환의 유병률이 높으므로 가능한 신선한 과일, 채소, 해조류, 두류를 많이 섭취하도록 한다. 신선한 채소와 과일은 노인에게 부족되기 쉬운 비타민 A를 비롯한 여러 비타민과 무기질, 식이섬유질의 좋은 급원이다.

⑦ 칼슘 보충을 위해 우유 및 유제품, 뼈째 먹는 생선, 뼈곰국 등을 많이 섭취토록 한다.

⑧ 미각의 둔화로 노인은 더욱 짜게 먹게 되므로, 가능한 싱겁게 먹고 가공식품의

섭취를 감소시켜 나트륨 섭취를 줄이도록 한다.

⑨ 편의식품을 준비해두고 조리 시 작업량을 줄일 수 있는 조리기구들을 마련한다.

4) 노인을 위한 식생활지침

① 고기나 생선, 콩제품 반찬을 골고루 먹자.
② 우유제품과 과일을 매일 먹자.
③ 짠 음식을 피하고, 싱겁게 먹자.
④ 많이 움직여서 식욕과 적당한 체중을 유지하자.
⑤ 술은 절제하고, 물을 충분히 마시자.
⑥ 세끼 식사와 간식을 꼭 먹자.
⑦ 음식은 먹을 만큼 준비하고, 오래된 것은 먹지말자.

08 임산부의 영양관리[10]

임신 중에는 모체의 신체유지와 아울러 태반과 태아, 자궁의 성장과 출산 후 수유를 위해 영양소의 공급이 필요하다. 임신 중에 일어나는 혈액량과 체액의 증가 역시 단백질과 무기질의 공급을 필요로 한다. 임신기간 중에 먹는 음식물은 태아의 발육에 매우 중요한 역할을 하며, 또한 임신 중의 건강과 산후의 회복에 영향을 미치게 된다. 그러므로 균형 잡힌 식생활로 아기와 모성의 건강을 지키도록 해야 한다.

수유부는 자신의 몸을 위생적으로 깨끗하게 유지하고 편안한 마음과 안정된 정신상태를 유지해야 하므로 충분한 휴식, 수면, 적당한 운동을 하는 것이 좋다. 이렇게 하기 위해서는 수유부 자신의 노력은 물론 가족과 주위사람들의 따듯한 배려가 필요하다.

10 대한영양사협회 자료실 : '우리가족의 영양관리 중' 제공.

1) 임산부 특성

(1) 혈액형성에 필요한 영양소 필요량 증가

- 산소, 영양소 공급을 위해 혈액량이 임신 전보다 50% 증가
- 혈액을 만드는데 필수적인 단백질, 철, 엽산 및 비타민 B6의 공급이 중요
- 육어류 및 채소섭취 증가 및 철 보충제 복용이 필요

(2) 수분 필요량 증가

- 혈액량의 증가 : 모체 및 태아에서의 조혈작용 확대
- 양수의 생성 : 자궁 내에서 태아보호
- 소변 배설량 증가 : 모체와 태아조직의 노폐물제거
- 물, 과일, 채소주스 및 우유 등 8컵 이상의 수분을 섭취

(3) 소화기관 평활근 이완

- 변비의 발생 가능성 높아짐
- 소화기관 내에서 섭취한 음식물의 이동속도 저하
- 소화되기 쉽고 변비를 예방할 수 있는 식품 섭취

(4) 영양소가 부족되기 쉬움

- 철, 칼슘, 엽산, 비타민 B_{12}, 비타민 D

2) 임산부의 정상적인 체중증가 정도

임산부가 임신하기 전에 저체중이나 비만하였다면, 다음과 같이 체중을 증가시키는 것이 바람직하다. 즉 저체중이었던 경우에는 정상체중 증가량인 10~12kg보다 좀 더 증가시키며, 비만인 경우에는 체중증가가 적게 되도록 한다.

(1) 임신하기 전 체중 바람직한 체중 증가량(kg)

- 정상 10～12kg / 저체중 12.5～18kg
- 비만 7kg / 쌍태아 임신 16～20.5kg

3) 임신기 · 수유기의 영양 권장량

(1) 영양소 섭취기준

- 비임기(19～29세) : 에너지 2,100㎉, 식이섬유 20g, 칼슘 650㎎, 철분 14㎎
- 임신기 : 에너지 2,100㎉, 식이섬유 + 5㎎, 칼슘 + 280㎎, 철분 + 10㎎

4) 임신기의 영양관리

임신 중의 1일 영양권장량은 기초대사량의 증가, 태아와 태반의 성장, 모체 관련 조직의 증대, 모체 내 지방축적, 모유분비의 준비 등을 감안하여 증가시킨 것이다. 따라서 아기와 모체, 둘을 위해 먹는다는 것은 중요하나, 이것은 평상시 섭취량의 두 배를 먹어야 함을 뜻하는 것은 아니다. 평상시에 균형 잡힌 적절한 식사를 해왔다면 임신 중의 식사수칙을 지키면서 약간의 추가식품만 섭취하면 된다.

(1) 에너지

- 아기의 탄생을 위해 총 약 77,000㎉가 필요
- 임신 중반에는 평상시보다 매일 약 340㎉, 임신 후반에는 450㎉가 더 필요
- 에너지는 영양소가 풍부한 식품을 통해 섭취

(2) 단백질

- 태아의 성장(태아의 신체 및 뇌세포 재료)에 필요
- 태반, 자궁, 유방조직의 성장에 필요
- 혈액공급에 필요

- 주요 공급원: 어육류군, 우유와 유제품, 두류

(3) 칼슘

- 태아의 뼈와 치아구성에 필요: 임신 6주 때 이미 태아의 뼈와 치아형성 시작
- 신경과 근육의 기능을 위해서도 필요
- 골다공증의 예방을 위해서도 중요

(4) 철

- 철은 혈액 중 헤모글로빈 원료: 임신 중에는 산소와 영양분의 공급을 위해 혈액의 양이 증가함
- 태아의 철 저장을 위해 필요
- 육류의 철은 다른 식품 내의 철분보다 더 쉽게 체내에 흡수됨
- 비타민 C가 풍부한 식품들은 철의 흡수를 향상시킴
- 철 보충제 복용은 먼저 반드시 의사와 상의해야 함

(5) 엽산

- 태아와 모체조직의 세포분열과 성장에 필요
- 따라서 임신 중 필요량이 크게 증가하며, 부족 시 유산 혹은 기형아 출산의 위험

(6) 식이섬유소

- 식이섬유소는 임신기간 중 생기는 변비의 문제를 줄이는데 도움을 줄 수 있음
- 과일, 채소류, 콩류 등에 많이 들어있음

5) 수유부의 영양관리

(1) 충분한 열량을 섭취한다

모유를 만들기 위해서는 600~800㎉가 더 필요한데, 산후 첫 6개월 동안은 이중

100～300㎉를 임신기간에 저장되었던 체지방에서 공급하므로 500㎉를 추가로 섭취해야 한다. 그러나 수유부가 심하게 불균형된 식사를 하고 있다든지, 모유와 우유를 함께 먹이는 경우에는 개별적인 조절이 필요하다.

(2) 식품을 골고루 섭취한다

모유를 만들기 위해서는 열량 이외에도 단백질, 비타민, 무기질 등의 영양소가 모두 더 필요하므로 골고루 더 섭취해야 한다. 수유부가 섭취한 영양소는 모유의 성분에도 영향을 미치며, 부족한 경우 수유부의 체력약화를 초래할 수 있다. 우유, 어육류, 채소, 과일을 매일 균형 있게 섭취하도록 한다.

(3) 수분을 충분히 섭취한다

수유에 필요한 수분공급을 위해 적어도 하루 2리터 이상의 물을 마신다.

(4) 카페인이 함유된 식품(커피, 홍차, 녹차, 코코아, 콜라, 초콜릿)은 가급적 피한다

섭취된 카페인은 모유로 분비되며 아기는 이것을 배설하는데 시간이 많이 걸린다. 따라서 아기가 잠을 자지 않거나 흥분상태로 있을 수 있다.

(5) 약물복용, 흡연, 음주는 피한다

불가피하게 약을 먹어야 하는 경우에는 꼭 주치의와 상의한다. 담배의 니코틴과 술의 알코올은 모유로 분비되며 니코틴 독성이나 성장발달 부진을 가져올 수 있다.

(6) 긴장을 풀고 휴식을 취하도록 한다

출산 후에는 매우 피곤하고 긴장된 상태로 기분도 저하되기 쉽다. 긴장과 피로는 모유분비를 어렵게 하므로, 아기를 생각하며 기분을 풀고 젖이 잘 나오지 않더라도 자주 빨리도록 한다.

6) 임신부 · 수유부를 위한 식생활지침

① 우유제품을 매일 3회 이상 먹자.

② 고기나 생선, 채소, 과일을 매일 먹자.

③ 청결한 음식을 알맞은 양으로 먹자.

④ 짠 음식을 피하고 싱겁게 먹자.

⑤ 술은 절대로 마시지 말자.

⑥ 활발한 신체활동을 유지하자.

Health & Well-being
Management of Dietary Life

채식과 생식

CHAPTER 06

채 식

1) 채식가의 정의

채식가Vegetarian라 함은 원래 식물성식품만을 섭취하려는 사람을 일컫는다. 예전에는 육식을 금하는 일부 종교인들 사이에서나 채식이 있었으나, 최근에는 건강을 위해 채식을 하는 사람이 많아지고 있다.

채식은 비만, 암, 관상심장질환, 치아건강, 당뇨 및 장 질환에 효과적이라고 보고되었다. 채식가들은 섭취하는 식품에 따라 다음 표 6.1과 같이 분류된다.

표 6.1 채식가(Vegetarian)의 분류

Ovolactovegetarian	식물성식품, 우유, 유제품, 달걀도 섭취
Lactovegetarian	식물성식품, 우유, 유제품은 섭취
Purevegetarian(vegans)	식물성식품만 섭취, 동물성식품, 유제품, 달걀 안 먹음
Fruitarians	과일, 건과, 견과류, 꿀, 올리브를 먹는 사람

2) 채식의 좋은 점

① 비만자가 적다. 채식가는 육식을 하는 사람들에 비해 과체중 또는 비만자가 적은 것으로 밝혀졌다. 이는 섬유소가 높은 채소, 과일, 곡물을 주로 섭취하기 때문이다.

② 관상동맥 심장병의 위험이 낮다. 실제로 채식가는 육식가보다 혈중콜레스테롤 함량이 낮기 때문에 심혈관 질병의 발병률이 낮다.

③ 고혈압 환자가 적다. 채식가는 혈압이 낮고 또 고혈압에 걸릴 확률이 육식가보다 낮다.

④ 소화기관 장애가 적다. 즉 채식가는 변비의 발생이 낮으며, 이는 특히 식이섬유소의 섭취량이 높기 때문이다. 이외에도 채식가는 골다공증, 요석, 담석과 성인

당뇨병 등의 발병률이 낮다.

3) 채식의 영양상 문제점

채식가들은 동물성식품을 섭취하지 않기 때문에 영양소의 결핍이 오기 쉬운데, 특히 Vegan과 Fruitarian에서는 영양결핍이 더 심각할 수도 있다. 임산부나 수유부, 신생아, 성장기의 아이들이나 청소년 또는 질병에 걸렸거나 질병으로부터 회복기에 있는 사람들이 채식만을 할 경우 더욱더 위험하므로 이들은 채식만을 해서는 안 된다. 채식으로 인해 부족되기 쉬운 영양소들은 다음과 같다.[1]

(1) 에너지

성인에게는 에너지부족은 잘 오지 않지만, 성장기에 있는 아이들은 섬유소가 많은 저열량식사로 인하여 에너지섭취량이 부족될 수 있다. 에너지섭취량이 부족되면 단백질이 에너지 생산에 쓰여지게 되므로, 이런 경우 어린이의 성장이 아주 느리게 된다.

(2) 단백질

단백질의 요구량은 단백질 자체라기보다는 필수아미노산의 공급이라는 측면에서 중요한 것이다. 그런데 식물성식품은 소화율도 떨어질 뿐만 아니라 동물성식품만큼 아미노산의 균형이 좋지 못하다. 그러나 열량이 적절히 섭취될 경우에는 여러 가지 식물성식품을 다양하게 섭취한다는 것으로 보여져서 필수아미노산의 부족은 그리 문제가 되지 않는다. 그리하여 채식가들에게는 어느 한 종류에 국한되지 않고 여러 종류의 식품을 섭취하여 아미노산을 골고루 섭취할 수 있도록 권장한다.

(3) 칼슘

우유는 칼슘의 좋은 급원식품임을 고려할 때, 순수한 채식가에게는 칼슘이 부족될

1 송병춘 외 2인, 『현대인의 식생활과 건강』, 건국대학교출판부, 1999, p.372.

수 있으므로, 이런 채식가를 위해서는 두유를 충분히 섭취해야 한다.

(4) 철분

식물성식품 중엔 철분함량이 낮을 뿐만 아니라, 그 흡수율도 동물성식품 중의 철분보다도 떨어진다. 그러므로 채식가들은 철분이 풍부한 식품을 선택하여 섭취해야 하고, 아울러 철분의 흡수를 돕는 영양소인 비타민 C가 풍부한 식품을 섭취하도록 해야 한다. 채식가에게는 대부분 철분 보충제를 섭취하도록 권장하고 있다.

(5) 아연

곡물류는 좋은 아연 급원식품이기는 하나 피트산Phytic Acid 등에 의해 그 흡수율이 아주 저조하게 된다. 곡류를 발효시키게 되면 피트산이 낮아지므로 아연 및 기타 무기질의 흡수를 돕게 된다.

(6) 비타민 D

채식가는 비타민 D의 급원인 어류, 달걀 및 유제품 등을 섭취하지 않으므로 비타민 D가 부족되기 쉽다. 햇빛을 충분히 쪼이면 비타민 D 요구량이 충족될 수도 있으나 대부분 비타민 D의 보충이 필요하다.

(7) 비타민 B_1

비타민 B_1이 풍부한 식품은 육류, 우유 및 유제품이기는 하나, 채식가는 곡류, 콩류 및 곡류 가공식품 등으로부터 상당한 양의 비타민 B_1을 섭취할 수 있다.

(8) 비타민 B_{12}

비타민 B_{12}의 결핍이 채식가에 있어 가장 큰 영양문제 중의 하나이다. 그것은 식물성식품에는 비타민 B_{12}가 포함되어 있지 않고 결핍증이 신경계에 영향을 미치게 되면 회복이 불가능하기 때문이다. 두유와 같은 보강식품을 섭취하여 반드시 비타민 B_{12}를 보충해야 한다.

이와 같이 채식가에 있어서는 몇몇 영양소가 부족되기 쉬우므로, 채식가는 영양관리에 특별한 관심을 기울여야 한다. 즉 콩류, 종자류, 견과류를 섭취하여 단백질이나 에너지섭취량을 충족시켜야 하며, 이때 아미노산을 골고루 섭취할 수 있도록 다양한 식품을 섭취해야 한다.

또 여러 종류의 과일, 채소를 섭취하며 비타민 C를 충분히 하여 철분흡수를 증진시키도록 한다. 그리고 정상체중을 유지하도록 충분량의 음식을 섭취하며 아울러 견과류 같은 스낵을 먹도록 한다.

건강정보

종합 비타민제

종합 비타민제 중 Mg은 심장 리듬을 안정적으로 유지해 준다. 그래서 종합비타민제를 심장에 좋은 '미세영양소의 샘'이라고 한다. Ca은 혈압을 낮춰주고 비타민 D는 칼슘흡수를 도와주며, 혈관 염증도 줄여준다. 비타민 C와 비타민 E는 항산화제 역할을 한다. 이 모든 영양소는 각각 따로 쓰는 것보다 같이 쓰면 더 강력한 효과를 볼 수 있다. 단, 스타틴 계열의 고지혈증 약을 복용하고 있다면 비타민 C나 E 복용량을 100㎎ 하루 두 번과 100IU 하루 한 번 정도로 줄여야 한다. 비타민 C와 E는 스타틴 계열 약의 콜레스테롤에 대한 효과에는 영향이 없이 항염증작용을 억제할 뿐이다. 그럼에도 불구하고 스타틴의 항염증효과는 40% 이상 유지된다.

칼륨은 동맥혈관을 건강하게 해준다. 칼륨은 주로 음식물에서 섭취하는데, 하루에 과일을 네 개 정도 먹으면 좋다. 특히 좋은 과일은 바나나, 아보카도, 멜론 등이다. 단, 비타민 A를 2,500IU 이상 섭취하는 것은 좋지 않다. 비타민제를 적절하게 복용해 준다면 신체나이는 여섯 살 더 젊어질 수 있다.

자료 | 마이클 로이젠, 메멧 오즈 / 유태우 옮김, 내몸 사용설명서, p.75.

4) 채식식단

채식식단에서는 열량 필요량을 충족시키기가 쉽지 않다. 동물성식품을 엄격히 배제하는 경우는 비타민 B_{12}의 결핍을 우려할 수 있다.

표 6.2 채식식단의 예(성인여자 1,900㎉)

식단식품군 및 권장섭취		재료	분량(g)	밥(곡류)	단백질반찬(고기, 생선, 달걀, 콩류)	채소반찬(채소류)
				3	5	7
아침	현미찹쌀밥	현미	40	현미, 쌀(1)		
		쌀	50			
	콩비지찌개	콩비지	80		콩비지(1)	
		김치	20			김치(0.5)
	시래기볶음	시래기	35			시래기(0.5)
	깻잎무침	깻잎	35			깻잎(0.5)
	배추김치	배추김치	20			배추김치(0.5)
소 계				1.0	1	2
점심	뿌리채소영양밥	쌀	90	쌀(1)		
		당근	18			당근(0.3)
		우엉	7.5			우엉(0.3)
		연근	10			연근(0.4)
	맑은 된장국	두부	40		두부(0.5)	
	콩조림	검은콩	30		검은콩(1.5)	
	파래볶음	파래(생)	15			파래(0.5)
	청경채겉절이	청경채	35			청경채(0.5)
소 계				1.0	2	2.0
저녁	기장밥	기장	15	기장, 쌀(0.7)		
		쌀	50			
	표고버섯전골	표고버섯	60			표고버섯(2)
		흰떡	40	흰떡(0.3)		
	연두부찜	연두부	80		연두부(1)	
	무조림	무	35			무(0.5)
	브로콜리샐러드	브로콜리	35		간식의 두유(1)	브로콜리(0.5)
소 계				1.5	2	3
간식				과일류		
				2		
	두유 사과 토마토		200 100 100		사과(1) 토마토(1)	

* 유지, 당류(섭취횟수 4회)는 조리 시 소량씩 사용됨.
* 성인여성 1,900㎉ 기준 식사구성안의 우유, 유제품 1회분량을 대신하여 단백질 반찬을 1회분량 추가됨.

02 생 식

불을 발견하기 전 인류의 기본적인 음식섭취법인 생식이 현대에 와서 다시 각광을 받는 이유는 무엇일까? 어떠한 방식으로도 가공하지 않았던 고대의 생식은 부피가 많이 나가고 쉽게 상해 저장이 곤란했다. 또 맛이 없고 소화가 잘 안되며 곡물을 날로 먹을 때의 딱딱함이 단점이었다. 또한 고사리나 토란과 같이 독성이 있는 음식이나 세균이 오염된 식물들의 생식은 식중독 등을 유발, 생명을 잃게 하기도 했다. 그래서 불은 인류에게 이런 생식의 위험성을 해소하는 계기가 됐고, 인류에게 음식의 '맛'을 알게 했다. 화식(火食)을 통해 다양한 요리가 가능해졌고, 소화도 한결 쉬워졌다.

생식시장도 1999년 700억 원, 2000년 900억 원, 2001년 1,400억 원으로 40~60%대의 성장률을 이어가고, 2002년에는 2,000억 원대의 시장을 형성할 전망이다.

1) 생식 정의

생식은 몸에 좋은 곡물과 채소류를 열을 가하지 않고 먹는 것으로, 요즈음 다이어트 기능을 강화한 전문제품, 어린이용, 청소년용 등 연령대 별 생식도 새로 선을 보이고 있다.

생식은 식용 곡물, 채소, 버섯 등을 냉동 건조시켜 날로 먹는 식사법이다. 익히지 않고 날로 먹는다는 의미에서 생식은 자연식품이 가진 영양소를 인체에 그대로 전달한다. 열을 가했을 때 일어나는 비타민, 미네랄, 효소, 식이섬유의 파괴를 줄여주는 것이다. 특히 엽록소와 곡류 등에 있는 비타민 A, C, E 및 효소를 원형 그대로 우리 몸에 전달한다. 이것으로 해서 노화를 억제하는 항산화효과를 보며 면역력을 높여준다는 원리이다.

생식은 각종 곡물을 영양소 파괴를 최소화하도록 동결건조(영하 40도 얼려 건조)한 것이고, 선식은 열풍 건조한 것이다. 즉 선식은 열을 가해 익혀 말린 곡식으로, 엄격히 말하면 화식이다. 생식에 포함된 '피친Phytin'이 위장장애 등을 일으키자 이를 개선하기 위한 방법이 선식이다.

2) 생식 먹는 법

일반적으로 우리가 먹는 음식의 약 40~50%는 생으로 먹는 것이 좋다[2]고 한다. 따라서 우리가 평상시 먹는 것보다 채소나 과일을 생으로 더 먹을 필요가 있다. 실제로 우리 주위에선 당뇨, 고혈압, 비만 등 만성적인 질병으로 고생할 때 생식하여 고치는 경우를 본다.

보통 생식이라고 하면 동물성식품을 배제하고 완전히 식물성식품만 생으로 먹는 것을 말하는 경우가 많다. 즉 발아곡물, 채소류를 건조하여 가루로 만들어먹는 경우이다. 하지만 생식을 하더라도 가끔 생선이나 달걀 등 동물성식품을 보충해야 한다. 동물성식품을 제한하다보면 우리 신체는 부족한 영양소에 대한 욕구가 더욱 강렬해지기 때문이다.

생식을 할 때는 안전성을 고려해야 하므로, 지역에서 생산된 유기농산물을 구입하는 것이 좋다. 또 갑자기 실행하기보다 서서히 그 양을 늘려나가도록 한다.

최근 나오는 생식식품은 식사대용과 다이어트를 겸할 수 있다. 몇 가지를 살펴보면, '이롬 미인 프로젝트'는 매월 20억 원 이상의 매출을 올리고 있다. 칼로리는 140㎉로 일반식(평균 600~700㎉)에 비해 현저히 낮아 체중조절이 용이하고, 지방흡착 및 배설의 효과를 지닌 특허성분을 원료로 했다. 고을빛 생식마을의 '리듬생식', 대상의 '참생식슬림' 등도 저칼로리용으로 다이어트제품이다. 풀무원의 '싹틘 생식'은 현미싹을 이용하여 장을 편하게 하고 피를 맑게 하는 것이 특징이다.

생식을 먹는 법은 생식 1포+생수 200㎖와 함께 컵에 넣어 잘 흔든 후 마시거나 수저로 떠먹는다. 다시 같은 양의 물을 마시기도 한다. 이것은 생식이 건조된 식품이기 때문에 수분을 충분히 공급해 줘야 하기 때문이다. 속이 냉한 경우, 육식을 자주 먹는 사람, 장질환이 있는 이가 생식을 하게 되면 설사를 할 수 있다. 이런 사람은 미지근한 물에 생식을 타서 복용하거나 따뜻한 물을 같이 마셔주면 좋다. 생식 후 두드러기, 피부가려움, 두통, 설사, 복통, 관절통 등의 증상을 호소하는 경우도 있다.

2 이원종, 『위기의 식탁을 구하는 거친 음식』, 랜덤하우스중앙, 2004, pp.111~112.

이런 증상은 생식복용으로 신진대사가 활성화되어 몸속의 독소물질이 제거되는 일시적인 현상이라고 대체의학전문가들은 주장한다. 이런 현상을 '명현반응'이라고도 부르는데, 일시적인 것으로 대개 3~7일 정도 간다. 이 반응이 장기간 지속되는 경우는 생식복용을 끊거나 양을 줄여야 한다. 또한 메밀 알레르기 등 특정식품재료에 과민반응을 보일 수 있다.

3) 생식의 좋은 점

현미를 생식할 경우, 비타민과 미네랄이 씨눈(배아)에 66%, 쌀겨에 29%, 배유에 5%로 함유돼 있어, 도정된 흰쌀밥을 먹게 되면 이만큼의 영양소를 포기하는 셈이 된다. 생식은 또 풍부한 섬유질을 갖고 있다. 섬유질은 소화를 지연시키고 음식물을 위장에 오래 머물게 하여 적게 먹고도 포만감을 느끼게 만든다. 또 콜레스테롤의 원료가 되는 담즙산을 흡착 배설함으로써 혈중콜레스테롤 수치를 낮추는데 도움이 된다. 이외 장운동을 활발하게 하여 변비해소에 좋다.

생식의 효용성을 보면, 김천대 식품영양학과 윤옥현 교수의 연구논문 '생식 및 채식인의 영양상태와 생식인의 주식에 관한 연구'는, 생식을 하게 되면 각종 영양소 부족이 올 것이라는 생식 반대론자들의 우려를 뒤집었다.

혈액검사 결과 ① 생식인이 화식인들에 비해 열량섭취는 적지만, 단백질의 경우 필수아미노산이 풍부한 콩이나 솔잎 등을 먹고 있어, 오히려 양실의 단백실을 더 많이 섭취하고 있다는 것이다. 또 ② 생식인들의 혈중콜레스테롤 수치가 화식인보다 낮았으며, 칼슘과 철분, 비타민류도 권장량 이상을 섭취하고 있는 것으로 나타났다. 또한 ③ 생식을 하면 자연스레 소식을 하게 된다. 사과 55㎏을 동결건조하면 5㎏으로 줄어든다. 그것을 분말로 만들면 원래부피의 30분의 1로 축소된다. 이처럼 소식을 하면서도 에너지효율은 높은 장점을 지닌다.

4) 생식의 문제점

생식의 문제점으로는 ① 소화가 잘 안 된다는 것이다. 이는 곡식류(씨앗)의 껍질에 포함된 셀룰로스라는 섬유소가 소화를 방해할 뿐만 아니라 다른 영양소의 체내 흡수율을 떨어뜨리기 때문이다. 또 생곡식 중의 피친이라는 성분은 위장장애를 일으키고 소화불량, 설사 등을 유발시키는 부작용도 일으킬 수 있다. ② 씨눈이 함유된 생식제품의 경우엔 씨눈에 지방이 많아 공기와 닿을 경우 빠른 속도로 산화한다는 단점도 있다. 이밖에도 현재 생산되고 있는 각종 생식제품들의 안전성에 관한 기준이 없다는 점이다. 일부 생식제품들은 잔류농약이나 중금속 오염 등에 대한 안전대책이 없이 출시된다. ③ 유효성분 및 산지 표시, 유기농 여부 등 소비자를 위한 정보도 부족하다.

또한 "생식은 의약품이 아니며, 생식에 당뇨, 고혈압 등 각종 성인병의 치료기능이 있는 것으로 혼동하지는 말아야 한다."고 신촌세브란스병원 내분비내과 허갑범 교수는 말한다.

표 6.3 생식에 들어가는 재료

종 류	재 료
곡식류	현미, 찹쌀, 보리, 수수, 흰콩, 검은콩, 들깨, 검은깨, 팥, 밀, 알파현미, 발아현미, 미강
채소류	케일, 명일엽, 양배추, 당근, 무, 무청, 도라지, 쑥, 늙은 호박, 고구마, 감자, 마, 칡, 우엉, 연근, 토란, 솔잎, 들나물, 돌미나리, 파슬리
버섯류	목이버섯, 석이버섯, 영지버섯, 운지버섯, 표고버섯
해조류	김, 미역, 다시마, 파래
기 타	효모, 스피루리나, 유산균, 로열제리, 유자, 올리고당, 볶은소금

기호식의 섭취와 식생활관리

C H A P T E R 07

01 차

차는 차나무 잎으로 만드는데 중국, 인도 등 동양이 원산지이며, 현재는 중국, 인도, 실론, 자바, 수마트라 등이 그 주산지이다. 우리나라에서는 주로 지리산, 한라산, 전라남도의 보성, 강진지방에서 재배되고 있다.

차의 맛은 차나무의 품종, 토양, 기후조건, 차 잎을 따는 시기, 가공방법에 따라 다르다. 차나무는 상록수로 비교적 덥고 강우량이 많아야 잘 자란다. 해발 2,100m 이하의 지역에서 잘 자란다.

1) 차의 종류

차는 발효과정을 거쳐 제조되었는가의 여부에 따라 발효차와 불발효차로 크게 나눌 수 있으며, 발효차는 발효정도에 따라 약발효차, 반발효차, 강발효차, 후발효차로 나눈다. 녹차는 발효시키지 않고 만든 것이고, 홍차는 완전히 발효시킨 것이며, 오룡차烏龍茶, Oolong Tea는 녹차와 홍차의 중간 정도의 질을 가진 반발효차이다.

(1) 녹차

차 잎을 우선 가열하여 산화효소를 파괴하고 수분을 증발시켜 시들게 한 후, 손으로 비벼 차 잎을 돌돌 말아 다시 가열하여 남은 수분을 완전히 증발시켜 건조시킨 것이다. 우리나라에서는 가마솥에서 고온으로 덖어서 만든 덖음(釜炒, 부초)차에 대한 기호도가 높고, 일본인들은 수증기로 쪄서 건조시킨 찐(蒸製, 증제)차를 좋아한다. 녹차는 고온에서 단시간 처리되어 산화효소가 파괴되므로, 녹색이 그대로 남아 있으며 구수한 맛을 가진다.

(2) 홍차

홍차를 제조하기 위해서는 잎을 살짝 가열하여 시들게 한 후 돌돌 말아 잎을 쌓아 놓고 몇 시간 발효시킨다. 이때 잎을 살짝 가열하여 시들게 하는 과정에서 파괴되지 않고 세포 내에 남아있던 효소들은 잎을 돌돌 마는 과정에서 깨진 세포의 액즙에 닿게 되어 여러 가지 화합물을 산화시킨다. 이러한 과정을 거치면 산화로 인해 차잎의 색은 적동색으로 변하고 풋내가 없어지며 홍차 특유의 향기가 생긴다. 원하는 만큼 발효가 진행되었으면 가열하여 효소를 파괴시키고 수분을 증발, 건조시킨다.

(3) 푸얼차(普洱茶)

중국차는 녹차, 황차, 홍차, 청차, 백차, 흑차로 구분된다. 푸얼차는 흑차로 분류된다. 흑차는 후발효방법으로 만드는 차로, 우렸을 때 검붉은 색이 된다. 윈난성에서 나는 대엽종 찻잎을 재료로 햇빛에 말리는 과정을 거친 차만을 푸얼차라고 한다. 발효시킨 차이기 때문에 몸에 좋은 미생물이 많다고 한다. 중국 여러 지방에서 생산된 차를 푸얼현 차시장에서 모아 출하하기 때문에, 푸얼차(보이차)라는 이름이 붙었다.

푸얼차는 홍차에 비해서 누룩곰팡이는 100배, 청국장에 많은 바실루스균은 최대 1,000배나 많은 것으로 나타났다. 오래되면 될수록 떫은맛이 사라지며 향기가 오래 지속되는 특징이 있다. 포장은 대나무껍질을 사용하는데 습기를 막고 잡냄새를 여과시키는 기능이 있다. 형태는 잎차인 산차(散茶), 쪄서 덩어리로 만든 긴압차(緊壓茶)가 있으며, 긴압차의 종류는 병차, 전차, 긴차, 방차, 타차 등이 있다. 소수민족들이 주로 마시다가 중국 본토에 알려졌으며, 1726년에 이르러 공차(貢茶)로 지정되었다.

푸얼차는 숙차와 생차로 나눠진다. 푸얼차를 만들 때 찻잎을 쌓아놓고 물을 뿌려 함수량이 60% 정도 되게 적셔 온도를 25도, 습도를 85% 전·후로 조절하여 속성으로 발효시킨다. 이렇게 40~45일 정도 지나면 찻잎이 밤색이나 검은색으로 변한다. 이를 물을 적셔 쌓아둔다는 뜻으로 '악퇴(渥堆)'라고 한다. 이 악퇴과정을 거친 차가 숙차이다.

생차는 악퇴(渥堆)과정 없이 바로 출하되는 차다. 따라서 맛이 떫고 시고 쓴맛이 난다. 그래서 생차는 장기간 발효시킨 뒤 마셔야 한다. 차를 우려 보면 짙은 밤색이나 검붉은 빛을 띠는 차가 숙차이다. 발효가 된 생차는 맑고 깊은 맛이 나고, 숙차는 마시기에 부드럽고 진한 향이 난다.

중국에서는 푸얼차가 가정상비약이다. 푸얼차를 마시면 속이 편안해지고 몸의 노폐물이 제거되며 소화도 잘된다. 우유와 함께 마시면 숙면에 도움이 되고 꿀과 함께 마시면 변비에 좋다고 한다. 또 생강과 함께 섭취할 경우, 땀을 나게 해 몸의 냉한 기운을 치료한다. 장기복용하면 신진대사가 원활해지고 콜레스테롤에 특효가 있어 고혈압, 거담, 지방간에 현저한 효과가 있다고 한다. 그리고 푸얼차는 복원력이 좋다고 한다. 비만인 사람은 살이 빠지고, 마른사람은 적정체중으로 불려준다고 한다.

마시는 방법은 덩어리로 된 푸얼차는 잘게 부수고, 산차는 2~3g의 찻잎을 다관에 넣는다. 즉 도기로 만든 주전자인 차호에 차를 적당량 넣고 뜨거운 물을 부은 다음 바로 우러난 찻물(洗茶)을 버린다. 오랫동안 잠자고 있던 찻잎을 깨우고 찻잎에 묻어 있던 먼지 등을 제거하는 절차다. 그리고 95℃ 이상의 물로 색이 옅어질 때까지 우려서 마시면 된다. 세 번째 우린 차가 가장 좋다. 홍차보다 색이 짙고 떫은맛이 없다.

2) 녹차의 성분

기호음료로서 중요한 차의 성분은 카페인, 방향성분, 페놀물질 등이다.

(1) 카페인Caffeine

녹차잎의 카페인함량은 2~4%로 커피열매보다 많으나, 덜 용해되어 차의 카페인 함량은 커피보다 많지가 않다.(표 7.1 참조) 카페인은 물에 용해되며 쓴맛을 지닌 물질로, 중추신경을 자극하여 흥분시키며 강심, 이뇨 및 혈관확대 작용 등의 약리작용을 가지고 있다.

표 7.1 기호식품의 카페인함량

기호식품		카페인함량(mg)
차 1컵(5온스)	잎차(Leaf Tea)	40
	인스턴트 티	30
커피 1컵(5온스)	원두커피	85
	인스턴트 커피	60
	카페인제거 커피	3
콜라 1컵(6온스)		18
코코아, 초콜릿 1컵(5온스)		3
초콜릿 밀크(8온스)		5

(2) 페놀물질

녹차의 맛, 색, 향기에 관여하는 주요성분으로 차에 함유되어 있는 대부분의 페놀물질은 타닌Tannin에 속한다. 타닌은 떫은맛의 물질인데, 녹차에는 그 대부분이 남아있어 떫고, 홍차에는 발효과정 중 산화되어 떫은맛이 더 적다. 페놀물질은 갓 움트고 있는 싹과 첫째 잎에 가장 많이 함유되어 있고, 그 아래 잎으로 내려갈수록 함량이 적다. 함량이 많을수록 차의 색이 진하다.

(3) 유리아미노산

유리아미노산은 차의 독특한 감칠맛과 향미의 주된 성분으로 1~3% 함유되어 있는데, 특히 다량으로 들어있는 테아닌Theanine은 단맛을 띤 감칠맛을 낸다. 테아닌은 카페인에 의한 중추신경의 자극을 약화시키는 특이적인 작용을 한다고 알려져 있다.

(4) 비타민, 유리당 및 유기산

녹차는 차잎을 고온에서 단시간 처리하여 산화효소를 불활성화시켜 만들므로 비타민 A, B, C, E 그리고 비타민 P의 작용을 가진 루틴 등을 함유한다. 또한 녹차의 유리당은 카테킨류의 혈당상승 억제작용을 도와주며, 유기산도 카테킨류의 항산화 상승효과가 있다고 알려져 있다.

3) 차의 건강효과

오래전 중국에서는 차를 약으로 사용했다는 기록이 있으나, 전통적으로 차 자체의 맛과 향을 즐기기 위해 애용되어 왔다. 차잎에 들어 있는 카테킨은 체내에서 수은, 카드뮴, 크롬, 납, 구리 등의 중금속과 결합하여 배설시키는 해독작용을 하며, 고혈압 및 동맥경화증의 예방효과, 항암효과, 혈당저하효과 등도 있다고 알려져 있다. 그러나 녹차와 홍차를 마시면[1] 타닌Tannin성분은 체내의 철과 결합하여 타닌철을 만들어

1 풀무원 식생활문화연구소 엮음, 『바로알고 바로먹자』, 형성사, 1993, p.165.

침전시키는 성질이 있다. 뿐만 아니라 이런 차들은 차잎 속에 들어 있는 성분을 산화효소로 발효시킨 다음 건조시킨 것인데, 산화발효에 의해 비타민 C가 파괴되므로 역시 철분결핍증에 영향을 준다고 하겠다. 그래서 철분결핍이 우려되는 사람들은 되도록 차를 절제하는 것이 좋다.

4) 녹차의 건강효과[2]

(1) 암 예방

녹차가 암 예방에 효과가 있다는 것은 여러 동물실험과 역학조사를 통해 확인했다. 대표적인 항암성분은 카테킨이다. 녹차에 10~18% 함유된 카테킨은 유해산소를 없애는 항산화물질이다. 또 암의 성장을 늦추고 암세포의 자살을 유도한다. 미국에서는 마늘의 SAMC와 함께 녹차의 EGCG를 천연물 항암제로 개발 중이다.

유명한 녹차 산지인 일본 나카가와네 지역의 위암 사망률이 일본 전체 평균의 20% 수준에 불과하다는 것이 좋은 예다. 이 지역주민의 녹차 하루 소비량은 5~10잔으로 일본 전국 평균의 5배이다. 암을 예방하려면 녹차를 하루에 5잔 이상 마셔야 한다고 권장한다.

(2) 혈행을 개선

녹차를 마시고 30분쯤 지나면 혈관기능이 개선된다는 연구결과가 나왔다. 그리스 아테네대 의대 연구팀이 14명에게 녹차를 마시게 한 결과, 이들의 혈관이 확장됐다고 한다. 혈관 내피세포의 기능도 좋아졌다. 그러나 커피나 온수를 마신 뒤엔 이런 효과가 나타나지 않았다고 한다.(자료 : 유럽 심혈관예방 및 사회복귀 저널 2008년 7월)

녹차는 혈압조절에도 유용하다. 이뇨효과가 있는데다 녹차의 카테킨이 안지오텐신 변환효소의 활동을 억제, 안지오텐신 II(혈압을 올리는 물질)가 덜 만들어지기 때문이다. 미국에서는 수면 무호흡증과 관련된 학습, 기억장애에도 녹차를 적극 권장한

2 박태균, 식품의약전문기자, 매일매일 녹차 5잔 암도 물리친다, 중앙일보 2008년 8월 26일자 C9.

다. 동물실험을 통해 녹차의 폴리페놀(항산화성분)이 뇌에 쌓이는 유해산소를 없애는 것이 확인되었다.(자료 : 미국 호흡기 및 응급의학 저널 2008년 5월호)

녹차는 담(가래)을 없애주고 머리, 눈을 맑게 하며, 소화를 돕고 소변을 잘 보게 하며 해독작용을 하는 식품이다.(자료 : 경희대 동서신의학병원 한방소화기보양클리닉 박재우 교수)

(3) 다이어트에 유용

녹차는 열량이 거의 없는 음료이다. 배고플 때 자주 마시면 포만감을 주고 카테킨이 중성지방, 콜레스테롤을 체외로 배출시켜 몸의 부기도 빠진다.

을지대병원 가정의학과 최희정 교수는 "녹차의 카테킨은 지방축적을 억제한다."며 "운동하기 전에 녹차를 마시면, 에너지원으로 지방이 먼저 사용되므로 다이어트에 좋다."고 말했다. 녹차를 다이어트를 목적으로 마실 때에는 하루 3잔 이상씩 식후에 마시는 것이 효과적이다. 6개월 이상 꾸준히 마셔야 효과를 얻을 수 있다고 한다.

(4) 치아를 튼튼하게

녹차의 카테킨은 세균을 죽이는 항균효과를 지닌다. 식중독 사고가 잦은 여름이나 상하기 쉬운 음식을 먹을 때 녹차를 곁들이라고 권하는 것은 이 때문이다.

영동세브란스병원 치과 박정원 교수는 "녹차의 항균효과는 치아건강에도 유익하다."며 "카테킨이 충치균의 성장을 억제하고 입 안의 유해세균을 죽이기 때문"이라고 밝혔다.

그러나 이렇게 몸에 좋은 녹차도 섭취 시 다음과 같은 주의할 점이 있다. 녹차에도 카페인이 들어 있다. 커피에 든 카페인의 60% 가량이다. 녹차에 들어 있는 카테킨과 데아닌이 카페인의 부작용을 억제하기 때문에, 커피의 카페인보다는 인체에 영향이 적다고 한다. 그러나 카페인에 예민한 사람은 잠들기 서너 시간 전에는 녹차를 마시지 않는 것이 좋다고 한다. 또 과다섭취하면 위벽이 손상되기도 한다. 특히 녹차의 떫은맛 성분인 타닌이 위장을 자극하므로 위궤양 등 위장질환이 있는 사람이 자주 마시는 것은 피하는 것이 좋다. 임신한 여성도 녹차성분이 철분, 칼슘의 흡수를 방해할 수 있으므로 삼가는 것이 좋다.

5) 건강효과를 고려한 올바른 녹차 마시기

녹차의 카테킨은 효과적으로 섭취하기 위해서는 차로 마실 때 여러 번 우려내지 말아야 한다. 카테킨은 처음 한두 번 녹차잎을 우려낼 때에만 추출된다. 녹차 1회분으로 적당한 잎의 양은 1~2g이다. 진할수록 좋은 것으로 여겨, 찻잎을 많이 넣어 떫게 마시면 타닌의 과다섭취로 인하여 변비에 걸릴 수도 있다.

커 피

커피는 전 세계적으로 널리 알려진 기호식품이다. 커피는 커피나무에서 수확한 열매를 볶은 후 갈아서 만든 음료로 온대 또는 한대지방에 사는 사람들이 매우 즐겨 마시고, 또 커피 브레이크Coffee Break는 사회생활을 하는데 있어서 매우 중요한 일부분을 차지하고 있다.

커피는 BC 800년경 에티오피아 남서쪽 카파주에서 양을 치던 양치기가 발견하였다고 전한다. 양들이 근처에서 자라는 커피나무의 열매를 먹고 흥분하는 것을 본 양치기는 열매를 먹어 보았는데, 그 결과 이 열매를 먹으면 기분이 좋아지고 잠이 깨는 것을 알았다고 한다. 처음에는 열매로 술을 만들어 마셨지만, 13세기경부터는 현재와 같은 방법으로 마시기 시작하였다.

1) 커피와 카페인

커피는 적어도 393종의 화학물질을 포함하고 있으며, 그 중 가장 중요한 것은 카페인Caffeine이며 기타 타닌Tannin, 당Sugar, 여러 종류의 방향족 화합물Aromatic Constituent, 그리고 극소량의 비타민과 무기질이다. 이처럼 커피의 주요성분은 카페인으로서 냄새가 없고 쓴맛을 갖는 물질이며, 그 구조는 메틸산틴Methylxanthine계에 속한다. 메틸기의 수와 위치에 따라 테오브로민Theobromine이나 테오필린Theophyline과 같은 유도체도 있다. 그리하여 카페인을 설명할 때는 대개의 경우, 테오필린과 테오브로민을 함께 지칭하게 된다. 카페인은 주로 중추신경계에 작용을 미치는 반면, 테오필린은 이뇨작용이나 심장기능에 자극을 주는 것으로 알려져 있다.

(1) 식품 중의 카페인함량

카페인은 음료, 음식물, 약품에도 있다. 카페인을 포함한 음료로는 커피, 차, 콜라, 코코아 등이 있고, 약품으로는 감기약, 알레르기약, 두통약, 잠을 쫓는 약 등이 있다. 식품 및 약품에 들어 있는 함량은 표 7.2와 같다.

표 7.2 음료 및 약제 내의 카페인함량[3]

음료 · 약제	용 량	카페인(mg)
인스턴트커피	컵	66
카페인 프리커피	컵	2~5
차	컵	20~100
인스턴트 차	컵	24~131
코코아	컵	5
탄산음료	캔(355mℓ)	26~34
밀크초콜릿캔디	57g	12
초콜릿	57g	40
두통약	태블릿	100~200
잠 쫓는 약	태블릿	15~32
감기 · 알레르기약	태블릿	32~65

(2) 카페인과 지방 및 글리코겐 분해

인체 내에서의 카페인의 생화학적 작용을 살펴보면 카페인은 세포에서 Cyclic AMPcAMP로부터 5'AMP로 전환되는데 작용하는 효소로 알려져 있는 포스포디에스테라제Phosphodiesterase의 활성을 억제하여 cAMP량의 증가를 초래하고 저장된 글리코겐과 중성지방의 분해를 촉진할 뿐만 아니라 산소 소비량도 증가시킨다. 이처럼 지방과 글리코겐의 분해가 촉진되면 두뇌활동은 물론 신체활동에 필요한 에너지 공급량

3 송병춘 외 3인, 『현대인의 식생활과 건강』, 건국대학교출판부, 1999, p.142.

이 많아지게 된다. 따라서 운동선수의 경우, 운동시작 20~30분 전에 커피를 마시면 운동의 지구력을 증가시켜 주게 되나, 국제올림픽위원회IOC에서는 모든 선수가 운동 시작 전에 5~6잔 이상의 커피를 마시는 것을 금하고 있다. 또한 일상생활에서도 오전에 한 잔, 그리고 오후에 한 잔 정도의 커피를 마시는 것은 생활의 활력소가 되어 바람직하다고 볼 수 있다. 그러나 그 이상의 커피는 인체에 여러 가지 해를 미칠 수 있으므로 주의하는 것이 좋다.

(3) 카페인이 인체에 미치는 영향

① 카페인은 중추신경계를 자극함으로써 정신을 맑게 하여 깨어있도록 하고, 피로를 없애주어 일에 대한 집중력을 높일 수 있다.
② 심장의 기능을 촉진한다.
③ 소화기관이나 혈관 같은 평활근Smoth Muscle을 이완시킨다.
④ 이뇨제 역할을 하며 소변의 양을 증가시킨다.
⑤ 위산분비를 자극시킨다.
⑥ 체지방의 분해를 높여 일의 지속성을 증가시키고, 포도당 합성과 기초대사율을 높이고 근육활동 능력을 증가시켜 육체적으로 왕성하게 일할 수 있게 한다.
⑦ 일반적으로 1,000㎎ 정도의 카페인은 인체에 유해한 것으로 보며 불면, 불안, 흥분, 떨림, 심박수 증가 등이 나타난다.

카페인이 인체의 여러 기관에 미치는 영향은 다양한데, 그 정도는 개인에 따라 차이가 크다. 커피를 하루에 4컵 이상 마시면 여러 가지 약품과 마찬가지로 카페인에 중독될 수 있으며, 이 때 커피를 끊으면 두통, 불안, 피로 등의 금단증상이 나타난다.

(4) 카페인과 건강이상

① 태아에의 결함 : 동물실험 결과 다량의 카페인 공급은 태아의 형성에 나쁜 영향을 미치는 것으로 보고되었다. 사람에게도 카페인이 직접 또는 간접적으로 임신 중의 태아에게 부분적으로 영향을 미치는 것으로 되어 있다. 최근의 연구에

의하면, 임신 중 매일 3잔 이상의 커피 또는 카페인을 함유한 음료 6컵 이상을 마시면 자궁 내 태아의 성장이 지연되거나 출생 시 체중미달이 일어날 확률이 높아진다고 한다.

② 심장질환과 고혈압 : 카페인이 심장질환을 일으킨다는 점은 논란의 소지가 많았지만, 1970년대 들어서 많은 양의 커피를 마시는 것은 심장질환의 원인이 되기도 한다고 하였다. 그러나 이 경우에 커피를 많이 마시는 사람은 담배도 많이 피운다는 점을 감안하지 않았으므로, 이 결과가 단순히 카페인에 의한 영향으로 보기는 어렵다고 반박하였다.

③ 암과 궤양 : 카페인이 암을 일으킬 수도 있다는 증거는 아직 없으나, 커피를 많이 마시는 사람에 있어 방광암이나 췌장암이 있는 확률이 더 높았다는 보고가 있었다. 카페인이 위산 분비를 자극하고 소화기관의 근육 또는 혈관을 이완시키는 작용이 있어 궤양과의 연관성을 생각할 수 있다. 역학조사 결과 카페인과 궤양 사이에 관련성은 없는 것으로 나타났다. 그러나 일단 궤양이 발생한 환자는 카페인의 자극성을 고려하여 커피를 삼가야 할 것이다.

2) 커피의 종류

(1) 아라비카Arabica와 로브스타Robusta

커피 속의 식물은 아프리카와 아시아 열대지방에 약 40종이 자라지만, 흔히 코페아 아라비카Coffea Arabica와 코페아 카네포라Coffea Canephora, 로브스타Robusta라고도 함를 커피 2대원종이라고 한다. 국제커피협회ICO는 커피를 생산지와 품종에 따라 다음 표 7.2와 같이 분류한다.

아라비카Arabica Coffee는 세계 커피생산량의 70% 이상을 차지하고, 원산지는 에티오피아이다. 주로 고지대에서 재배되고, 카페인함량은 1.4% 정도로 낮은 편이다. 재배조건이 까다로우며 병충해에 취약하지만, 맛과 향이 뛰어나다.

표 7.3 커피분류(국제커피협회)

품 종		생산지
아라비카(Arabica) 원산지 : 에티오피아	Mild	콜롬비아, 탄자니아, 코스타리카 등
	Brazilian	브라질, 에티오피아 등
로브스타(Robusta) 원산지 : 콩고		인도네시아, 베트남 등

카네포라는 흔히 로부스타Robusta Coffee로 부르며 아프리카 콩고가 원산지이다. 아라비카에 비해 저지대에서도 잘 자라고 병충해에 강하지만, 맛과 향이 떨어져 주로 블랜딩(Blending)커피나 인스턴트커피의 재료로 쓰인다. 카페인함량은 아라비카보다 2배 정도 높다.

커피나무는 적도를 중심으로 남 · 북위 25도 사이의 열대지역에서 생산되며, 이 지역을 커피벨트Coffee Belt 또는 커피존Coffee Zone라고 한다. 아라비카는 까다로운 재배조건을 갖고 있는데, 평균기온은 15~24도 정도가 적합하며, 우기와 건기의 구분이 필요하다. 또한 유기질이 풍부하고 배수가 잘되는 화산재 토양, 적당한 햇빛, 800m 이상의 고지대일수록 좋다. 반면, 집중호우나 강한 바람은 좋지 않다.

로부스타는 24~30도 정도의 기온만 유지하면 600m 이하의 기후와 토양에서도 경작될 수 있다. 병충해에도 강하여 아라비카보다 재배조건이 덜 까다로운 편이다.

(2) 서스테이너블커피Sustainable Coffee

1997년~2002년 사이에 커피 공급량의 증가와 가격의 폭락, 수요 정체 때문에 많은 커피를 생산하고자 과도한 제초제와 살충제를 사용하여 환경파괴가 심해지게 되었다. 이에 따라 커피 재배농가의 삶의 질을 개선하고 환경보호를 위한 노력으로 서스테이너블커피Sustainable Coffee라는 개념이 생겨났다. 실천방안으로는 유기농커피Organic Coffee, 셰이딩커피Shaded Coffee, 또는 셰이드 그로운커피 Shade Grown Coffee, 공정무역커피Fair Trade Coffee 등이 있다.

유기농커피는 수질과 토양, 생물다양성 보호를 위해 살충제 등을 사용하지 않고 자연상태에서 경작하는 커피이다. 멕시코, 콜롬비아 등지의 유기농커피가 유명하며,

카페인이 거의 없거나 매우 적은 것으로 알려져 있다.

셰이딩커피는 셰이딩은 커피나무 중간 중간에 다른 나무를 심어 커피나무에 그늘을 만들어 주는 것을 말한다. 셰이딩을 하게 되면 커피체리Cherry의 불량률을 낮춰주며, 잡초 및 해충발생의 억제, 수분조절, 바람막이 등의 효과가 있다.

일반적으로 아라비카 커피나무의 묘목은 모판에서 만들고, 로부스타는 직접 땅에 씨를 뿌리는 방법을 사용한다. 커피나무는 심어진지 2~4년이 지나면 꽃을 피우고, 그 후 열매의 수확은 아라비카의 경우 6~9개월, 로부스타의 경우 9~11개월 정도에 가능하다. 수확방법은 가공방식에 따라 지역별로 차이가 있는데 핸드피킹Hand Picking, 스트리핑Stripping, 기계수확Mechanical Harvesting 등이 있다.

3) 커피의 가공

가공방식은 지역, 습도, 일조량, 물공급 여부에 따라 건식법Dry Method과 습식법Wet Method으로 나뉜다.

① 건식법Dry Method, 자연건조법 : 특별한 설비가 필요 없는 가장 전통적인 방법이다. 커피체리를 수확한 후 키질Winnowing로 이물질을 제거하고 물을 이용하여 위에 뜨는 불순물을 제거한다. 그 후 햇빛에서 2~4주간 골고루 건조한 후 생두를 분리한다. 생산단가가 싸고 친환경적이지만, 품질이 낮고 생두표면이 고르지 못한 단점이 있다. 또 제대로 건조가 되지 않으면 생두가 부패하고 맛과 향이 떨어진다. 에티오피아, 예멘, 인도네시아 등지에서 주로 사용한다.

② 습식법Wet Method, 수세건조법 : 일정한 설비와 기계, 풍부한 물이 필요한 방법이다. 커피체리를 수확한 후 1차로 이물질을 제거한 후 2차로 물을 이용해 씻어내며 불순물을 제거한다. 그다음 기계를 이용해 커피체리의 외피와 과육을 벗겨 내는데 이 작업을 펄핑Pulping이라고 한다. 펄핑과정을 거친 후에는 물이 담긴 발효탱크 안으로 옮겨 10~24시간의 발효과정을 거치며, 이 과정에서 끈끈한 점액질이 제거된다. 마지막으로 생두에 붙어 있는 불순물 제거를 위해 깨끗한 물

로 씻는 과정을 거친다. 건조는 건식법과 유사한데 대규모 농장에서는 열풍기나 대형 건조장을 사용한다. 건식법에서는 건조 후 생두를 분리하지만, 습식법에서는 체리에서 생두를 분리해 낸 후 건조한다는 차이가 있다. 따라서 습식법을 사용할 때 생두의 품질이 높고 표면이 깨끗한 장점이 있으나, 물을 많이 사용하게 되어 환경을 오염시킨다는 단점이 있다. 콜롬비아, 하와이, 과테말라, 케냐 등지에서 주로 사용한다.

4) 생두의 선별과 분류

건조가 끝난 생두는 크기, 밀도, 함수율(수분 함유율), 색깔(결점두)의 혼합여부에 따라 선별되어 등급이 나뉜다.

① 생두의 크기 분류Screening : 고급생두 중에는 크기가 작은 품종도 있지만, 일반적으로 생두의 크기가 클수록 좋은 품질로 인정받는다. 스크린Screen이라는 구멍이 뚫린 판 위에 생두를 올린 후 흔들어서 밑으로 빠지게 하는 방법인데, 1 screen은 통상 1/64inch(약 0.4㎜)이다.

② 생두의 밀도 분류 : 고지대에서는 일교차가 크기 때문에 커피열매가 천천히 성장하여 밀도가 높은 생두를 수확할 수 있다. 밀도가 높을수록 향미가 깊고 풍부하기 때문에 보통 1,200m 이상 고지대에서 재배된 생두는 고급으로 분류한다. 밀도 분류는 경사진 테이블 위에 생두를 놓고 진동을 통해 무거운 콩을 테이블 위쪽으로 가게 하는 방법을 사용한다.

③ 생두의 함수율 분류 : SCAASpecialty Coffee Association of America의 기준에 따르면 9~13%가 적당하다. 함수율은 보통 기계로 측정하며, 10~12% 정도의 함수율을 양호한 것으로 분류한다. 잘못된 생두의 보관으로 생두가 부패할 수 있기 때문에, 함수율에 따라 건조하고 통풍이 잘되는 상태에서 보관하는 것이 중요하다.

④ 생두의 색깔과 결점두 분류 : 생두는 맑고 깨끗한 청록색일수록 높은 등급으로 분류된다. 품질이 낮거나 오래된 생두일수록 황록색을 띠게 된다. 생두의 색깔

을 분류하는 것은 결점두를 제거하는 것과 같은데, 기계를 이용하거나 사람의 손으로 일일이 분류하는 방법이 있다.

5) 커피로스팅 원리

로스팅은 '시간과 온도에 의존하는 공정Time Temperature Dependent Process'이다. 커피생두의 물리화학적 변화와 함께 구조적 변형이 로스팅에서 시작되고 완성된다. 수분이 증발되고, 이산화탄소가 생성되어 방출되며, 여러 휘발성 향기성분이 생성되고 손실된다. 부피는 약 2배까지 증가하고 조직이 다공성으로 바뀌면서 밀도는 반 이하로 감소한다. 로스팅 정도에 비례해서 감소하는 커피의 성분으로는 트리고넬린Trigonelline, 클로로겐산Chlorogenic Aacid이 있는데, 이들의 함량을 측정하여 배전정도를 파악하기도 한다. 로스팅의 원리는 열전달에 있다. 전도Conduction, 대류Convection, 복사Radiation에 의해 공급된 열이 생두를 가열하면서 일어나는 반작용이다.

로스터를 사용할 때에는 ① 사용하기 20~30분 이전에 예열을 한다. 이는 기계 내부의 열 흐름을 안정시키고 생두투입 시 최적의 조건을 만들어주기 위함이다. 예열은 낮은 온도로부터 시작하여 약 210℃까지 천천히 온도를 올려주는 방식으로 진행된다. 이때 온도를 너무 빨리 올리면 기계 본체에 물리적인 충격이 가해질 수 있으므로 주의해야 한다.

② 로스팅 초기에는 흡열반응이 일어나고, 생두 자체의 온도가 서서히 올라가면서 수분의 증발이 이루어진다. 생두의 자체온도가 190℃에 도달하면 열을 방출하는 발열반응이 일어나면서 내부온도가 급속하게 상승한다. 커피의 향기성분이 본격적으로 생성되기 시작하는 시점이다.

원하는 정도에 이르면 ③ 과정을 신속히 끝내고 원두의 자체온도를 순간적으로 떨어뜨려야 한다. 이때 주로 이용되는 방법이 워터퀀칭Water Quenching이다. 매우 짧은 시간에 물을 분사해주는 것으로, 물의 양은 원두의 수분율을 약 1~2% 정도 증가시키는 정도가 좋다. 이 경우 배전된 원두의 수분함량은 4% 정도가 된다. 물을 뿌린 후에는 곧바로 냉각Cooling과정을 거친다. 이는 쿨링카트Colling Cart로 방출된 원두를 회전시키면서 찬공기를 불어넣어 빠르게 냉각시키는 과정이다. 이때 온도를 얼마나 빨리 떨어뜨리느냐에 따라 향미의 정도와 보존이 달라질 수 있다.

소형 로스터기의 경우에는 물뿌리는 과정이 생략되기도 한다. 과거에는 원두표면의 색을 육안으로 관찰하며 로스팅 정도를 조절하였으나, 요즈음에는 과학의 발달과 함께 원두의 표면온도를 전자시스템으로 측정하여 로스팅 정도를 조절하기도 한다.

03 술(알코올)

알코올은 화학적으로 에탄올이라 부르며, 당 또는 전분을 효모Yeast로 발효시켜 얻어지는 것으로서 사람이 사회생활을 하는데 필요한 윤활유의 역할, 즉 기분전환제 또는 정신자극약품으로 작용한다고 볼 수 있다.

식품으로서 알코올은 1g당 7.1㎉의 에너지를 가지고 있으며, 단백질과 탄수화물의 4㎉보다 높다. 그러나 알코올은 에너지 외에 다른 영양소가 포함되어 있지 않기 때문에 'Empty Calories'라고 부르며, 항영양소Antinutrient로서 취급되어 다른 영양소의 소화 · 흡수 · 저장 및 대사에도 지장을 초래한다. 그러므로 다량의 알코올을 상습적으로 마시는 사람의 경우에는 필요한 에너지를 음식물로부터 얻기보다는 알코올로부터 얻기 때문에 단백질, 지방, 탄수화물로부터의 에너지섭취 비율이 감소되고 일상 섭취하는 음식물의 영양적 품질도 저하된다. 약품으로서 알코올은 내성이 생기므로 마약으로도 분류된다. 습관성 약품으로 중독자가 되기도 한다. 그러나 적당량의 알코올은 인체에 이로운 영향을 주기도 한다. 약간의 알코올은 신체의 피로와 권태감을 줄여주며, 긴장, 흥분, 압박감 등으로부터 해소되어 편안함과 낭만적인 기분을 갖게 해준다.

1) 알코올의 흡수와 대사

알코올은 다른 음식과 달리 흡수되기 위해서 소화과정을 거치지 않으므로 위와 소장에서 매우 빨리 흡수된다. 알코올은 두꺼운 점막으로 덮여 있는 위에서 섭취된 알코올의 20%가 흡수되며 80%는 소장벽에서 흡수되어 1분 이내로 뇌로 운반된다. 따라서 특히 위가 비어있을 때 빨리 흡수가 되어 뇌로 전달된다. 위가 음식으로 차 있을 때는 알코올이 흡수부위인 위벽에 닿을 기회가 적어지므로 뇌에 전달되는 속도가 다소 지연된다. 탄수화물은 알코올 흡수를 지연시키고, 지방은 위 수축을 지연시켜 알코올이 위에 더 오래 머물게 한다. 그러나 탄산음료 등과 함께 마시면 알코올 흡수가 촉진되는 것으로 알려져 있다. 뿐만 아니라 동일량의 알코올이라도 술 마실 때의 감정상태, 체중과 마시는 형태 등에 따라서 흡수속도가 다르다.

알코올은 다른 에너지원과는 달리 대부분이 간에서 분해되며 건강한 성인의 간에서 한 시간에 처리할 수 있는 알코올의 양은 평균체중 1㎏당 0.1g으로 체중이 60~70㎏이면 하루 24시간 동안에 160g의 알코올을 분해할 수 있다. 그러나 하루 중 12시간 정도는 간도 알코올해독 부담에서 벗어나 쉬어야 하기 때문에, 실제로는 80g 정도가 최대한계이다.

2) 알코올이 신체기관에 미치는 영향

간은 인체에서 가장 큰 선Gland으로 무게는 약 1~1.5㎏이며, 우리가 먹은 음식은 소화·흡수되어 심장으로 들어가기 전에 대부분의 영양소가 문맥을 통하여 간으로 들어간다. 간은 이 영양소를 사용하여 생명유지에 필요한 물질을 생산, 저장, 전화시키는 기능을 담당하고 있다. 탄수화물, 단백질, 핵산, 알코올의 대사로부터 암모니아를 요소로 바꾸고, 쓸개즙을 생산하고 영양소를 저장하며 해독작용을 하고 배설 및 방어작용을 한다.

간은 알코올섭취로 인하여 가장 영향을 받는 기관으로 알코올 대사의 약 80% 이상이 간에서 일어난다. 간세포는 원래 에너지원으로 지방을 분해하여 사용하지만, 알코올이 있을 때는 우선적으로 알코올부터 분해하기 때문에 거대 소장 지방구가 간세포에 지나치게 축적되어 지방간Fatty Liver을 형성하여 간의 기능에 영향을 주게 된다. 따라서 간으로부터 엽산과 비타민 B_{12}의 유출이 증가되어 간에 엽산, 리보플라빈, 니코틴 아마이드, 판토텐산, 피리독신, 비타민 B_{12}, 티아민 및 비타민 A의 함량이 감소된다. 또한 간에서 단백질의 분해도 장애를 받아 간에 단백질이 축적되면 단백질 자체의 양보다 10배가 넘는 수분을 보유하게 되어 간이 부어오르게 된다. 이때 알코올섭취를 중단하면 정상으로 회복된다. 그러나 계속 음주를 하게 되면 알코올성 간염Alcoholic Hepatitis으로 발전되어 간에 염증이 생기고 간세포가 죽고 간이 굳어지게 된다. 알코올 중독자의 30~50%는 알코올성 간염을 갖고 있으며 더욱 오래 지속되면 간기능이 상실되면서 간경화Cirrhosis로 진전되어 사망할 수도 있다.

장기간 지나친 음주는 뇌세포의 감소를 촉진하며 뇌의 손상을 초래하여 뇌기능을 저하시킨다. 즉 지능저하, 기억력 상실, 집중력 부족, 그리고 알코올성 치매현상을 나타낸다. 장기간 금주하면 뇌기능이 향상된다.

알코올은 뇌에서 생성되는 신경전달물질인 세로토닌Serotonin과 엔돌핀Endorphin의 생성에 영향을 미친다. 만성음주가의 경우 알코올이 대뇌의 혈액순환 감소를 초래하고 이 같은 장애는 대뇌의 대사작용을 저해하므로 뇌일혈에 의한 사망률을 증가시킨다.

알코올이 관상혈관 질환에 미치는 영향은 매우 복잡하고, 또 알코올섭취 수준에 따라 유익하기도 하고 유해하기도 하다. 그러나 다량의 알코올섭취는 관상혈관 질환에 의한 사망률을 높인다. 그러나 소량의 알코올은 혈액 중에 HDL-콜레스테롤을 증가시키고 이것은 관상혈관 질환을 예방하는 효과가 있으며, 혈소판의 응고를 방지하고 아스피린의 효과를 증가시킴으로써 관상혈관 질환에 유익하다는 보고도 있다.

3) 여성과 알코올중독

같은 양의 술을 마셔도 여성은 남성보다 알코올 분해가 쉽지 않다. 그만큼 알코올 중독의 위험이 높다. 수분이 몸에서 차지하는 비중은 남성이 65%인 반면, 여성은 51% 정도로 알코올을 희석시키는 능력이 여성이 떨어지는 셈이다. 또 위에서 분비되는 알코올 분해효소인 '아세트알데히드'가 여성은 남성의 25% 정도밖에 되지 않는다. 위에서 1차로 술을 분해하지 못해 체내에 흡수되는 양이 많은 것이다.

미국 알코올전문학회에서 발표된 논문에 따르면, 술은 여성의 성적인 판단력도 흐리게 한다. 여대생을 두 그룹으로 나눠 각각 술과 알코올이 없는 음료를 줬다. 그리고 성과 관련된 여러 상황을 제시했다. 그 결과 술을 많이 마실수록 '위험한 결정'을 내리는 것으로 나타났다.

알코올중독은 태아에게도 영향을 미친다. 외국의 한 통계에 따르면, 알코올중독 여성이 낳은 355명의 아기가 기형적 외모, 간질, 각종 정신장애 등의 징후를 보였다. 이른바 '태아 알코올증후군'이다.

여성 알코올중독 환자는 남성과 달리 수치심과 죄책감이 심하다. 따라서 가족의 도움이 절실하다. 또 남편도 알코올 문제를 가지고 있는 경우가 많아 함께 치료를 받아야 한다. 보통 심리치료를 받는다. 술의 욕구를 떨어뜨리는 항갈망제를 처방한다. 우울증이 동반되면 항우울제를 처방하고, 증세에 따라 불면과 불안을 해소해 주는 약물을 쓰기도 한다.

4) 레드와인과 프렌치 패러독스

프랑스인들이 미국인과 영국인 못지않게 고지방 식이를 하고도 허혈성심장병에 덜 걸리는 현상을 말한다. 1980년대부터 관련연구가 진행되었으며, 특히 WHO의 모니카 프로젝트에 의해 뒷받침되어 그 원인이 레드와인 때문이라고 보고되었다.

프렌치 패러독스French Paradox를 우리말로, '프랑스인의 역설'이라고 번역할 수 있으며, 본래는 프랑스인의 상식적이지 않는 생활이나 이해가 되지 않는 사고방식을 일컫는 말로 사용되었다. 이렇게 문화 · 사회적인 말로 사용되던 용어가 1980년대 이후 프랑스인들이 동물성지방을 다른 나라 국민들에 비해 많이 섭취함에도 심장질환에 의한 사망률이 오히려 낮다는 연구결과가 나오면서 이런 현상을 표현하는 용어로 쓰였다.

1979년부터 이러한 현상에 대한 연구가 진행되었으며 55세부터 64세의 사람들을 대상으로 한 역학조사에서 허혈성심장병 사망률과 국민소득, 의사와 간호사의 비율, 지방섭취량, 알코올 소비량에 대한 상관관계를 조사한 결과, 와인 소비량이 많은 나라일수록 사망률이 낮다는 통계결과가 나왔다. 따라서 와인이 프랑스인의 심장병 사망률을 낮춰주는 원인이 아닌가 하는 예상이 조심스럽게 제기되었다.

한편, 1982년부터 지금까지 진행 중인 모니카 프로젝트는 심장병의 위험인자들을 규명하기 위한 국제적인 조사사업으로 세계보건기구WHO가 주도하고 전세계 21개국이 참여하고 있는 연구사업이다. 1989년 발표된 연구결과에 따르면, 지방을 미국, 영국인 못지않게 많이 섭취하고 흡연율도 유사한 프랑스인들이 유독 심장병에 덜 걸리는 이유가 레드와인 때문이라고 밝혀졌다.

심장병 사망률이 미국의 경우, 인구 십만 명 당 182명인데 비하여, 프랑스인들은 102~105명 수준, 특히 와인을 많이 마시는 툴루즈지방의 경우 78명으로 미국의 절반 수준이었다. 학계에서는 1980년대 중반부터 이러한 현상을 가리켜 프렌치 패러독스라고 표현하였으며, 관련연구가 활발히 진행되었다. 캘리포니아주립대, 네덜란드의 연구에서도 유사한 결과가 도출되었으며, 보르도 제2대학의 세르쥐 르노 교수는 하루 2~3잔의 와인이 심장병 사망위험을 40% 감소한다고 보고하였다. 이러한 결과는 와인에 0.2%를 차지하는 페놀화합물 성분 때문으로 레스베라트롤Resveratrol, 폴리페놀Polyphenols 등이 거론되었다. 특히 레스베라트롤은 포도가 곰팡이로부터 자신을 보호하기 위해 생성하는 물질로, 강력한 항산화작용으로 세포의 손상과 노화를 막는 역할을 하는 것으로 알려졌다.

프렌치 패러독스가 일반인에게 널리 알려진 계기가 된 것은, 이러한 연구결과가 1991년 CBS의 인기 프로그램인 〈60 Minutes〉에 소개되면서부터이다. 이 방송 이후 미국 내 관심은 뜨거웠으며, 미국와인협회에 따르면 미국 내 와인 판매량이 4배나 급격히 증가하였다고 한다. 하지만 최근의 보고에 따르면 프랑스인들이 허혈성심장병에 의한 사망률은 낮지만, 알코올로 인한 질병 및 사고로 인한 사망비율은 오히려 높아 적당한 와인의 섭취가 중요함을 인식시켜주고 있다.

04 초콜릿

1) 초콜릿의 유래와 역사

초콜릿은 멕시코의 원주민이 카카오콩으로 만든 음료인 초콜라틀Chocolatl에서 유래

한다. 남아메리카 아마존강 유역과 베네수엘라의 오리노코강 인근지역이 원산지인 카카오는 신이 내린 선물이라 불렸다. 카카오열매는 초기에 음료나 약으로 사용하였으며 때에 따라서는 화폐수단으로 활용되기도 하였다. 카카오 10알로 토끼 한 마리를, 100알로는 노예를 구입할 수 있을 정도로 귀하게 여겼다. 멕시코에 원정갔던 한 신하가 스페인의 황제 카를 5세에 보고한 내용에 따르면 카카오 콩은 그 가치 때문에 화폐로 활용하거나 피로 회복 음료 또는 영양제로 활용되었다고 기록되어 있다.

15세기말 콜럼버스가 아메리카를 4번째로 항해하던 중 유카탄 반도연안의 카카오 열매를 가지고 들어간 것이 초콜릿이 유럽으로 건너가게 된 시초다. 이후 16세기 중반 스페인의 웨루디난도 코르테스가 남미를 탐험한 후 스페인으로 돌아가 카카오 열매를 소개하면서부터 본격적으로 유럽에 퍼지게 되었다.

1477년 2월 14일 영국의 시골처녀인 마거리 부르스는 몇 년째 짝사랑하던 남자친구에게 사랑을 담은 편지를 보냈고, 이를 계기로 두 사람은 결혼에까지 골인하게 된다. 이 소식이 알려지면서부터 2월 14일은 연인들이 사랑을 고백하는 날로 자리 잡게 되었다. 한국의 밸런타인데이는 일본의 영향을 받았다. 일본의 소규모 제과회사였던 모토고미 제과점에서는 밸런타인데이에 '초콜릿으로 사랑을 전하세요'라는 문구로 다양한 초콜릿을 판매하였는데, 이것이 지금의 밸런타인데이의 시초가 되었다.

1828년 네덜란드의 반 호텐이 카카오를 압축하여 지방을 추출하는 기술을 계발, 코코아버터를 만들게 되었다. 이 기술은 지금과 같은 초콜릿의 모양을 만들어낼 수 있는 계기가 되었고, 1876년 스위스의 다니엘 피터스Daniel Peters가 지금의 밀크초콜릿과 비슷한 모습의 초콜릿을 만들었다. 이후 1976년 스위스의 피터D. Peter가 우유를 첨가한 초콜릿을 계발하여 초콜릿산업은 한층 더 올라서게 되었다.

우리나라에서는 조선말기 러시아 공관의 부인이 규방외교의 일환으로 양과자와 양화장품들을 명성황후에게 바쳤는데, 그것이 한국으로 들어온 초콜릿의 시초였다. 1968년 동양제과 및 해태제과에서 초콜릿을 본격적으로 만들어내기 시작하였고, 1975년 롯데제과에서는 판 모형의 초콜릿인 '왓다비'를 생산해냈다. 이후 초콜릿에 아몬드를 첨가한 제품들도 출시되었으며, 과자와 초콜릿을 접목시킨 '빼빼로'도 탄생되었다.

2) 초콜릿 만드는 법

초콜릿을 만들기 위해서 가장 먼저 카카오콩을 선별Cleaner하는 작업을 거친다. 그 다음으로는 카카오콩을 볶아Roaster내는데, 이 과정을 통해 카카오콩 특유의 향을 살려낸다. 볶은 콩은 분쇄하고 껍질을 골라내는 분리과정을 거치며, 이 과정에서 초콜릿의 풍미를 위해 카카오니브(카카오콩의 껍질과 배를 제거하고 남은 살)를 배합Blender한다. 카카오니브에는 다량의 지방분이 함유되어 있어, 이것을 혼합하면 걸쭉한 묽기로 변하게 된다. 여기에 우유나 코코아버터와 같은 미립화 과정을 거치고 콘체Conche, 반죽기로 장시간 반죽한다. 코코아버터가 안정되면 온도를 조절하여 틀에서 굳힌 후 완성되며, 제품에 따라서 일정기간 숙성을 거치기도 한다.

3) 초콜릿의 다양한 성분과 효능

아즈텍사람들은 카카오를 재배해왔으며, 왕실에서는 카카오가루에 옥수수, 물, 향신료를 섞어 초콜릿을 만들었고, 이렇게 만들어낸 초콜릿은 결혼식이나 각종 행사에 사용되었다. 아즈텍의 왕인 '몬테수마'는 여인들을 만나러 가기 전 여러 잔의 코코아를 마셨을 정도로 아즈텍사람들은 카카오에 최음 효과가 있다고 믿었다.

그러나 오늘날 시중에 판매되는 초콜릿에는 식물성지방을 고체로 만드는 과정에서 생겨난 트랜스지방이 일부 포함되어 있다. 트랜스지방은 혈관을 좁게 만들어 심혈관계 질병을 일으키거나 동맥경화를 유발하기 때문에 건강에는 좋지 않다. 일부 가공된 초콜릿에는 3.5g 정도의 트랜스지방이 포함되어 있는데, 이는 감자튀김에 들어있는 분량 4.5g과 비교해 볼 때 상당히 높은 수치인 것을 알 수 있다. 그렇기 때문에 초콜릿을 구입할 때는 초콜릿의 성분이 어떻게 이루어져 있는지를 정확히 알고 섭취하는 것이 필요하다.

건강정보

꿀벌의 선물 프로폴리스(Propolis)

항균 · 항산화 70여 가지 효능, 천연항생제로 개발 가능성

꿀벌이 인간에게 선사한 건강성분(꿀, 프로폴리스, 꽃가루, 로열젤리) 중 가장 약효가 뛰어나다는 프로폴리스. 프로폴리스는 식물의 껍질, 잎 등에서 나오는 수액과 벌꿀의 타액이 혼합된 물질이다. 꿀벌은 이를 벌집 틈새에 발라 세균이나 다른 곤충의 침입을 막는다. 천연 페니실린이라고도 한다.

독일 봉요법학회장인 스탄가슈 박사는 "프로폴리스는 270여 종의 물질로 구성되어 지금까지 70여 가지의 효능을 자랑한다."며 "최근 들어, 슈퍼박테리아로 불리는 MRSA(메티실린 내성 황색포도상구균), 에이즈, 위, 십이지장궤양, 화상, 상처 등에 광범위하게 활용된다."고 말했다.

독일 보쿰의대 데이비드 디아즈 카르발로 교수는 항암제로의 가능성을 밝혔다. 프로폴리스에서 플루케네티오네라는 물질을 분리, 이를 시험관에서 대장암세포에 투입한 결과 암세포 증식이 멈췄다는 것이다. 특히 상피세포 성장인자 수용체 등 암의 성장을 돕는 기능이 억제된 것을 확인했다.

강원대 수의학부 권명상 교수는 대장균에 감염되어 설사를 하는 돼지와 송아지에 하루 3회 프로폴리스 150㎎을 투입한 결과 프로폴리스와 항생제 투여군은 각각 동일한 치료효과를 나타내 설사가 멎는 효과를 보여, 권교수는 "항생제를 쓰지 않는 청정축산물을 위해 프로폴리스가 좋은 대안이 될 것"이라고 강조했다.

자료 | 대덕 R&D 특구, 바이오프로폴리스연구회(회장 이승완) 주최,
제1회 세계프로폴리스 사이언스 포럼(WPSF), 2007.10. 25~26.

Health & Well-being
Management of Dietary Life

생활습관병과 면역력

CHAPTER 08

01 생활습관병

'성인병'이라는 말은 1950년대부터 일본에서 사용하기 시작하였고, 우리나라에서도 그대로 사용하였다. 처음에는 성인에게만 나타나기 때문에, 나이가 들면 생기는 병이라는 생각에 그런 이름을 붙였다. 미국에서는 '만성질환', 영국에서는 '생활습관 관련병' 또는 '만성퇴행성질환'이라 한다.

이후 성인병은 나이가 들면서 저절로 생기는 병이 아니고, 병에 걸리는 주된 원인이 생활습관에 있다는 것이 밝혀져 '생활습관병'이라 부르게 되었다. 이런 병들은 몇 가지 특징이 있다. ① 질병이 시작되어 증상이 나타날 때까지 오래 걸린다. ② 언제 병이 시작되는지 딱 꼬집어 말할 수는 없지만, 어릴 때부터 질병이 시작된다. 그러나 증상은 성인에서 나타나는 경우가 많다. ③ 한 가지 원인보다는 여러 가지 요인이 함께 작용하여 병이 생긴다. ④ 이런 질병이 생기는 데는 식이, 흡연, 음주, 운동, 스트레스 등 생활습관의 영향이 크다. 생활습관병은 비만, 고혈압, 뇌졸중, 고지혈증, 당뇨병, 암 등으로 전체 사망자의 절반 이상을 넘고 있다.

면역력

1) 면역의 이해

우리 몸에 이물질이 들어오면 백혈구는[1] 몸속에 들어 온 이물질을 감시해서 병원체나 암세포를 물리치는 역할을 한다. 백혈구의 종류는 ① 대식세포 또는 매크로파지Macrophage라는 큰포식세포가 있다. 또 ② T세포, B세포, NK세포Natural Killer, 특히 NK세포는 암세포를 제거하는데 탁월한 능력을 가져 '암의 암살자'라고 한다 같은 림프구도 있다. ③ 살균성분이 들어있는 알갱이(과립)를 가진 과립구(분해효소로 가득찬 과립을 가지고 있다)도 있다.

1 혈액 $1mm^3$에 백혈구가 무려 4,000~8,000개가 있다.

과립구와 림프구는 큰포식세포에서 진화한 것으로, 이물질과 싸우는 전투력도 큰포식세포보다 더 강하다. 우리 몸에 들어오는 이물질 중 비교적 큰 것은 과립구가 처리하고, 그보다 작은 것은 림프구가 처리한다. 그러나 이물질을 잡아먹는 힘, 즉 탐식능력에서는 과립구가 큰포식세포를 능가한다. 과립구는 이물질을 막으로 싸서 제 몸 속으로 집어넣고 분해효소와 활성산소를 이용해서 파괴한다. 이때 고름이 나오는 화농성염증이 일어난다. 고름은 과립구의 사체인 것이다. 과립구는 외부에서 들어온 병원균과 싸워서 감염증을 막는 중요한 역할을 하지만, 그 수가 지나치게 늘어나거나 세균이 별로 없을 때 제멋대로 싸우게 되면 자신의 몸을 공격해서 조직을 파괴하기도 하여 염증을 일으킨다. 과립구는 다 자란 다음에는 2~3일밖에 못살고, 특히 병원균을 무찌르고 난 뒤에는 자신도 죽는다.

우리 몸에 세균보다 훨씬 더 작은 바이러스(세균의 1/10 보다도 작다)가 들어오면 ① 큰포식세포가 이물질의 크기를 확인한다. 과립구가 잡아먹기에 너무 작다고 판단되면 림프구에 신호를 보낸다. 그러나 림프구는 평소에는 림프절 안에서 휴면상태로 있다가 큰포식세포가 보내는 정보전달 물질인 사이토카인Cytokine이 림프구에 도착해야 림프구가 잠에서 깨어나 분열할 수 있다. 그렇게 해서 천배도 넘는 수로 늘어난 림프구가 이물질과 싸우기 시작한다. 이물질과 싸움을 마친 림프구는 다시 휴면상태로 들어간다. 이때 림프구 중 일부는 좀전에 싸웠던 이물질을 '항원'으로 기억하게 되고, 다음에 똑같은 항원이 침입하면 그때는 림프구가 신속하게 분화해서 병이 더 심해지기 전에 항원을 없앤다. 이것을 우리는 '면역'이라고 부른다.

림프구가 싸우는 방법은 과립구와 다르다. 림프구는 막 표면에 있는 부착분자를 이용해 이물질을 붙잡아 처리한다. 이때 카타르성염증이 일어난다. 감기 초기에 맑은 콧물이 나오는 것이 바로 이 현상이다. 카타르성염증의 특징 중 하나가 이런 투명한 액(장액)이 나오는 것이다.

2) 면역의 두 얼굴

면역은 '역을 면한다'는 뜻을 가지고 있다. 옛날 전염병이 인류의 가장 큰 적이었던 시절 전염병에 의해 가족과 동네사람들을 모두 잃는 경우가 허다했던 사람들에게 전염병을 피해 살아남는다는 것은 천운과도 같았을 것이다. 이렇게 전염병을 피해 살아남는 것이 면역이었다. 면역은 주로 외부침입자에 의한 인체의 방어를 말한다.

사람은 환경의 일부이다. 사람이 살고 있는 환경은 여러 생물들이 함께 살고 있는 생태계를 이루고 있다. 햇빛(태양에너지)을 원료로 식물이 살고 있고, 이 식물을 먹이로 여러 초식동물들이 살고 있으며, 초식동물을 먹이로 하는 육식동물들이 살고 있다. 하늘과 땅과 바다에 모두 존재한다. 이렇게 눈에 보이는 생태계가 있는가 하면, 눈에 보이지는 않지만 그보다 훨씬 규모가 큰 생태계가 또 하나 존재한다. 바로 미생물들의 세계이다. 세균과 바이러스의 세계가 바로 그것이다.

세균과 바이러스는 거의 어디에나 존재한다. 펄펄 끓는 용암 주변에도 존재하고, 모든 것이 얼어붙은 극지방에도 존재한다. 당연히 사람의 몸에도 존재한다. 사람의 피부와 장 속에, 기관지 속에, 입 속에도 존재한다. 사람은 이 미생물들과 공존하며 살고 있다. 사람과 공존하는 대개의 미생물들은 유산균에 속한다. 유산을 분비하여 피부를 혹은 장내를 약산성으로 유지하고 잡균들이 번식하는 것을 막아주는 역할을 한다. 그런데 이러한 균들이 체내로 들어오면 문제가 좀 달라진다. 이러한 균들은 모두 체외 그러니까 피부나 점막의 바깥쪽에 살면서 인간과 공존해야 하는데, 이들이 이 1차 방어막을 뚫고 체내로 들어오면 우리 몸은 경보를 울리고 면역체계가 발동되어 이들을 없애기 위해 군대를 동원한다. 이때 동원되는 군대가 바로 면역세포들이다.

피부의 랑게르한스세포, 간의 쿠퍼세포, 비장의 대식세포와 과립구, NK세포 등이 일차적으로 비특이적 반응(무차별적인 공격)을 보인다. 여기에 T세포와 B세포가 가세하면서 항체를 만들어 내거나 감염된 세포들을 파괴한다. 이 싸움에서 지게 되면, 패혈증으로 사망하거나 또는 지루한 염증과 치유의 공방전으로 만성병으로 넘어가게 된다. 하지만 전투에서 승리하게 되면, 치유가 되고 또 면역기억에 의해 두 번째 싸움은 아주 쉽게 이길 수 있게 된다.

면역의 두 번째 기능은 자기감시기능이다. 면역세포들은 혈액을 타고 조직을 지나 림프액을 돌아다니며 고장난 세포나 감염된 세포를 찾아낸다. 사람의 몸은 고정되어 있지 않다. 죽는 그날까지 계속 분열한다. 어제의 피부가 오늘의 피부가 아니다. 각각의 세포들은 수명이 있고, 수명을 다한 세포는 '세포자연사'라는 과정을 거쳐 죽어 없어지며 새로운 세포가 줄기세포에서 자라난다. 피부는 2주일, 위장세포는 3일, 대장세포는 7일, 적혈구는 120일 정도의 수명을 가지고 있다. 이렇게 끊임없이 분열하다보면 우리의 세포도 실수를 한다. DNA 복제과정에서 미스프린트가 생긴다. 활성산소의 공격이나 노화에 의해 혹은 세균이나 바이러스에 의해서도 DNA는 공격받을 수 있다. 하지만 인간의 면역세포들은 고장 난 세포들을 찾아낼 수 있는 능력이 있고, 고장 난 세포들을 파괴한다. 누구나 하루에 몇 개씩의 암세포는 생겨난다고 한다.

하지만 이 암세포들이 암이라는 질병을 이룰 만큼 자라지 못하고 사라지게 하는 것이 이 면역세포들의 능력이다. 우리 몸을 이루는 모든 세포들은 한 가지 표식을 가지고 있다. 바로 '나'라는 명찰MHC이다. 이 명찰을 달고 있는 세포는 아군이다. 하지만 이 명찰이 오염되었거나 다른 글이 쓰여 있으면 면역세포는 가차 없이 그 세포를 파괴한다. 그런데 면역세포들도 때로는 실수를 한다. 멀쩡한 명찰을 달고 있는 내 세포를 공격하여 염증을 일으키는 것이다. 이것을 '자가면역질환'이라고 한다.

암은 주로 반복적으로 손상이 일어나는 곳에 발생한다. 맵고 짠 음식에 의해 계속 공격을 받은 위장세포, 담배연기에 찌들은 폐세포, 알코올을 분해하기 위해 밤낮으로 일하는 간세포, 대변이라는 유독물질에 매일 노출되는 대장세포가 분열과 세포사를 거듭하다 과열되면 암세포가 자란다.

더 이상 죽고 싶지 않은 세포의 반란이다. 영원이 살고 싶은 세포의 바램은 성장호르몬을 무한정 분비하고, 혈관을 만들어 영양분을 갈취하고 무한 분열모드로 들어간다. 이것이 암세포의 실체이다. 이러한 암세포들은 면역세포의 자기감시 기능을 피하는 방법을 개발했다. 바로 아예 명찰을 달지 않는 방법이다.

우리가 보통 면역이라 하면, 주로 외부침입에 대항해 싸우는 정도만을 생각한다. 하지만 면역의 기능에는 외부침입에 대항하는 것에 못지않은 중요한 자기감시 기능도 있음을 늘 염두에 두어야한다. 면역은 너무 강해도 너무 약해도 좋지가 않다. 적절한 정도의 면역이라야만 건강을 보장해준다는 것도 잊지 말아야 한다.[2]

2 CNC한의원 제공

3) 자가면역질환Autoimmune Disease

자기의 장기조직이나 그 성분에 대한 항체가 생산되는 알레르기 질환이다. 면역병 중에서도 그 원인이 명확하지 않아 치료가 곤란한 질환이다. 최근 특히 주목되고 있는 것은 전신성 홍반성 낭창Systemic Lupus Erythematosus; SLE이다.

전신성 홍반성 낭창은 환자의 혈액 중에 핵과 그 성분(핵단백질, DNA, RNA, 히스톤 등)에 대한 항체가 발견되었다. 진핵세포의 핵 내에서는 비교적 안정한 저분자 RNA가 단백질과 복합체snRNA를 형성하고 있다. SLE 환자의 혈청과 침강반응을 하는 snRNA 중의 RNA성분을 분석하고 있던 사이츠Seitz 등은 이 중의 하나인 L1(U를 많이 가지는 snRNA)이 엑손exon - 인트론intron 접합부위의 염기서열과 상보성이 있는 것을 발견하여 U1이 mRNA의 성숙, 즉 스플라이싱Splicing에 관여하고 있다는 가능성을 밝혀 주었다.

4) 류머티즘성 관절염

(1) 정의

류머티즘관절염은 다발성 관절염을 특징으로 하는 원인불명의 만성염증성질환이다. 초기에는 관절을 싸고 있는 활막에 염증이 발생하지만, 점차 주위의 연골과 뼈로 염증이 퍼져 관절의 파괴와 변형을 초래하게 된다. 관절뿐만 아니라 관절 외 증상으로 빈혈, 건조증후군, 피하결절, 폐섬유화증, 혈관염, 피부궤양 등 전신을 침범할 수 있는 질환이다.

(2) 원인

류머티즘관절염의 정확한 원인은 아직 밝혀지지 않았지만, 자가면역 현상이 주요 기전으로 알려져 있다. 자가면역이란, 외부로부터 인체를 지키는 면역계의 이상으로 오히려 자신의 인체를 공격하는 현상이다. 일반적으로는 유전적 소인, 세균이나 바이러스 감염 등이 류머티즘관절염의 원인으로 생각되고 있다. 신체적 또는 정신적 스트레스를 받은 후 발병하기 쉽다고 알려져 있다. 폐경 초기에도 발병률이 높다고 하는데, 이는 류머티즘관절염이 호르몬의 영향을 받는다는 것을 보여주는 예이다.

(3) 증상

어떤 원인에 의해서든 관절 안에 있는 활막Synovium, 윤활막에 염증이 생기면서 혈액 내의 백혈구들이 관절로 모여들게 되고, 그 결과 관절액Joint Fluid이 증가하여 관절이 부으면서 통증이 나타나게 된다. 이러한 염증이 지속되면 염증성 활막조직들이 점차 자라나면서 뼈와 연골을 파고들어 관절의 모양이 변형되고, 관절을 움직이는 데에 장애가 발생한다.

류머티즘관절염은 전형적으로 초기부터 손가락, 손목, 발가락 관절 등이 주로 침범되며, 병이 진행함에 따라 팔꿈치관절, 어깨관절, 발목관절, 무릎관절 등도 침범된다. 이러한 관절에 통증, 뻣뻣함, 종창(염증이나 종양 등으로 인하여 부어오른 것) 등의 증상이 수주에 걸쳐 서서히 나타난다.

류머티즘관절염의 증상은 전구증상과 관절증상, 관절 외 증상으로 나누어 다음과 같이 살펴볼 수 있다.

① 전구증상

2/3 정도의 환자에서 피로감, 식욕부진, 전신쇠약감, 애매모호한 근육 및 관절 증상이 먼저 나타나며, 이어서 활막염이 발생한다. 이러한 전구증상은 수 주일에서 수 개월에 걸쳐 나타나며 이 단계에서는 진단이 어렵다.

② 조조강직

조조강직이란, 아침에 자고 일어나서, 또는 오랜 시간 한 자세로 있는 경우, 관절이 뻣뻣해져 움직이기 힘들다가 시간이 조금 지나서야 움직이는 것이 좋아지는 현상을 말한다. 류머티즘관절염에서는 이러한 조조강직이 1시간 이상 지속되는 것이 특징이다.

③ 관절증상

초기 류머티즘관절염의 중요한 특징은 침범된 관절의 통증과 종창이다. 진단에 중요한 증상은 손에서 많이 발견되는데, 류머티즘관절염은 손가락의 중간마디와 손바닥 부위를 잘 침범하고, 손가락 끝마디의 관절은 잘 침범하지 않는 경향이 있다. 침범된 관절은 만지면 아프고 움직임이 제한되며, 손바닥의 홍반이 동반되기도 한다. 또한 손목을 뒤로 굽히는데 장애가 생기고 손가락을 굽히는 데에도 장애가 생긴다. 주먹을 꽉 쥘 수 없는 경우도 많으며, 이러한 증상은 진단뿐 아니라 질병의 활성도와 진행정도를 파악하는데 도움이 된다. 무릎은 우리 몸에서 가장 큰 관절로, 류머티즘관절염 초기에는 잘 침범되지 않지만, 전 기간을 놓고 보면 80% 이상의 환자에서 침범된다. 침범된 무릎은 부어오르고 압통이 있으며 관절액의 삼출도 잘 나타난다. 그 밖에도 팔꿈치, 발과 발목, 엉덩이관절, 척추, 턱관절을 침범할 수 있다.

④ 관절 외 증상

류머티즘관절염은 관절 이외에도 여러 장기를 침범할 수 있다. 피하결절은 팔꿈치, 손가락, 치골, 아킬레스건 등에 나타나는 딱딱한 결절이다. 또한 빈혈이 잘 동반되는데, 이는 질병의 활동도, 특히 관절의 염증정도와 상관관계가 있다. 심장, 폐, 눈, 신경, 간 등에서 전신침범이 발생하면 병의 경과 및 치료결과가 나쁠 수 있고, 특히 혈관염, 아밀로이드증, 폐섬유증이 여기에 해당된다. 전신침범의 증상으로는 발열, 전신쇠약감, 체중감소 등이 있다.

(4) 치료

어떠한 약제도 류머티즘관절염을 완치시키지는 못한다. 류머티즘관절염에 사용되는 약제로는 비스테로이드성 항염제와 스테로이드, 항류머티즘약제와 TNF 차단제 등이 있다. 비스테로이드성 항염제와 스테로이드는 염증을 완화하여 질병의 증상을 완화시킬 수 있지만 진행을 억제하지는 못하며, 항류머티즘약제 치료를 조기에 시작할수록 치료결과가 좋다. 최근에는 항류머티즘약제에 반응하지 않는 류머티즘관절염에 대해 TNF(류머티즘관절염을 일으키는 대표적인 중간물질) 차단제를 사용하고 있다.

① 비스테로이드성 항염제

통증을 감소시키고 염증을 가라앉히는 목적으로 사용하지만, 질병의 경과에 영향을 미치지는 않는다. 진통효과는 24시간 이내에 나타나지만, 항염효과는 7일 정도 지나서 나타난다. 류머티즘관절염 환자가 비스테로이드성 항염제를 오랫동안 복용하지 못하는 가장 큰 이유는 약물로 인한 위장장애이며, 이를 막기 위해 위장벽을 보호해주는 약물을 함께 쓰거나 소화기계 부작용이 적은 항염제를 선택하여 쓰기도 한다.

② 스테로이드

매우 강력한 항염증 효과를 갖고 있다. 스테로이드는 복용 후 24시간 내에 항염증 효과가 나타나 증세를 호전시킨다. 그러나 질병의 경과가 변하거나 완치될 수는 없으며, 오히려 고용량을 장기간 복용할 경우 부작용이 발생할 수 있으므로 가급적 소량을 단기간 사용하는 것이 좋다.

③ 항류머티즘약제

류머티즘관절염을 조기에 진단하는 것이 중요한 이유는, 질병 초기에 항류머티즘약제를 사용하면 장기적으로 결과가 좋아지기 때문이다. 항류머티즘약제는 류머티즘관절염의 관해(병의 증상을 발견할 수 없는 상태)를 유도하거나 진행속도를 늦추는 데에 사용된다. 이러한 약제로는 메토트렉세이트Methotrexate, 설파살라진Sulfasalazine, 레플루노마이드Leflunomide, 항말라리아제 등이 있다. 6개월 이상의 치료에서도 반응이 좋지 않은 경우, 2가지 이상의 약물을 함께 투여하는 병용요법을 시행할 수 있다.

④ TNF 차단제

류머티즘관절염을 일으키는 대표적인 중간물질인 TNF를 차단하여 염증반응을 막는 약제이다. 기존의 항류머티즘약제에 반응하지 않는 류머티즘관절염에서 70% 이상 증상을 호전시키며, 기존 약제에 비해 효과가 빨리 나타나는 장점이 있다. 그러나 가격이 비싸고 잠복결핵의 활성화와 같은 부작용이 있으므로, 반드시 전문의와 의논한 뒤에 투약해야 한다.

(5) 식이요법

현재 관절염에 효과가 입증된 식품은 어류의 불포화지방산뿐이다. 체중의 증가는 환자의 관절에 부담을 줄 수 있으므로 체중이 증가하지 않도록 해야 하며, 특히 스테로이드 사용에 따른 식욕 증가와 체중 증가가 있을 경우 식사의 양을 조절하도록 한다.

표 8.1 자가면역진단 측정표

자가면역진단 측정표	예	아니오	잘모름
1. 쉽게 피곤해진다.	□	□	□
2. 아침에 일어나기 힘들다.	□	□	□
3. 숙면을 해도 피로가 풀리지 않는다.	□	□	□
4. 항상 몸이 나른하고 권태감을 느낀다.	□	□	□
5. 감기가 쉽게 걸리고 잘 낫지 않는다.	□	□	□
6. 입 안이 잘 헌다.	□	□	□
7. 눈에 염증이 잘 낫지 않는다.	□	□	□
8. 상처와 흉터가 잘 낫지 않는다.	□	□	□
9. 무좀이 생긴다.	□	□	□
10. 배탈, 설사가 잦다.	□	□	□
11. 인내력과 끈기가 없어진다.	□	□	□
12. 체력이 떨어지는 것을 느낀다.	□	□	□
13. 담배를 많이 피운다.	□	□	□
14. 술을 많이 마신다.	□	□	□
15. 매일 스트레스가 쌓인다.	□	□	□
16. 기분전환이 잘 안 된다.	□	□	□
17. 일에 집중이 잘 안 된다.	□	□	□
18. 생활시간대가 불규칙하다.	□	□	□
19. 식생활 및 영양섭취에 무관심하다.	□	□	□
20. 친척이나 형제에 생활습관병이 많다.	□	□	□

측정결과 평가 예(2점), 잘 모름(1점), 아니오(0점)

* 30점 이상 : 면역력이 극도로 떨어진 상태, 정기검진을 받아야 한다.
* 20~29점 : 면역력이 약한 편, 방심하면 병에 걸릴 수 있다.
* 10~19점 : 보통의 상태, 면역이 저하하지 않도록 주의한다.
* 10~9점 : 아주 건강한 상태, 평소 생활습관을 유지토록 한다.

출처 : 한국경제신문

비만과 저체중

CHAPTER 09

비 만

1) 비만의 정의

비만Obesity은 외견상 바람직하지 않을 뿐만 아니라 여러 가지 성인병과 관련되어 문제시되고 있다. 호흡기계질환, 간, 신장질환 등에 더 민감하며 심장 및 순환계질환에 걸릴 위험이 높다고 한다. 요즘은 소아비만의 문제점도 대두되고 있다.

비만은 체중감량식이와 운동량 증가, 생활습관과 환경을 지속적으로 변화시키는 의지로 치료될 수 있다. 비만이 심하면 약물이나 수술치료를 병행하기도 한다.

비만은 체중이 적정수준보다 과다한 상태로서 체중과다Overweight와 비만Obesity으로 분류한다. 체중은 우리 몸의 뼈, 근육질, 각 기관(간, 심장, 신장 등)의 무게와 지방조직의 무게이다. 이 구성성분 중 체지방의 비율이 정상보다 높을 때를 비만이라고 한다. 운동선수와 같이 근육질이 많고 뼈가 굵은 사람은 체중이 다소 많이 나가더라도 비만이라고 할 수 없다. 반면, 체중은 정상범위에 속하여도 체구가 작고 지방층이 두꺼운 경우는 체지방과다이므로 비만이다.

체지방률은 체중에 대한 체지방의 비율을 말하며, 체지방량은 몸속에 있는 지방의 양을 말한다. 체지방은 내장지방과 피하지방으로 나눌 수 있는데, 인차가 크며 식이 및 운동량에 따라 달라진다. 체지방이나 내장지방이 많으면 당뇨병, 고혈압, 고지혈증 등의 심혈관계 질환에 걸릴 위험이 증가한다. 보통 남자의 체지방률은 15~20%, 여성의 체지방률은 20~25% 정도이다.

2) 비만의 판정

비만판정 시 가장 많이 사용하는 방법은 키에 적정 체중치Ideal Body Weight를 중심으로 계산하는 방법이다. 일반적으로 적정체중의 10% 이상 초과되었을 때에 체중과잉 혹은 과체중Overweight이라 하며, 20% 이상 초과되었을 때에 비만[1]으로 간주한다.

적정체중은 각 개인의 키와 체구에 따라 다양하다. 키가 큰 사람은 키가 작은 사람에 비하여 체중이 무거운 것은 당연하다. 또 키가 같은 경우에도 체구가 큰 사람은 체구가 작은 사람에 비하여 무겁다. 그러므로 각 개인의 적정체중을 정확히 계산하기는 어려우나 키에 대한 적정체중을 계산하는 체적지표Body Mass Index; BMI로 비만을 판정한다. 체적지표는 체중(kg)을 키(m)의 제곱수로 나눈 값으로, 체지방 축적도를 잘 반영하므로 비만도의 측정에 가장 많이 사용된다.

$$\text{체적지표(BMI)} = \frac{\text{체중(kg)}}{\text{키}(m^2)}$$

즉 키가 160cm, 체중 69kg 여자의 경우 BMI = 69 / 1.6^2 = 26.95이다.

비만의 판정은 다음의 표 9.1과 같으므로 26.95는 1도 비만이다.

표 9.1 비만의 판정

BMI	비만도
20~24.9	정상
25~29.5	1도 비만
30~40	2도 비만
40 이상	3도 비만

3) 체중감량 방법

(1) 체중감량의 원리

체중을 줄이려면 우선 에너지 평형을 (-) 상태로 유지해야 한다. 섭취하는 에너지보다 소모하는 에너지가 더 많도록 해야 한다. 2,000kcal를 섭취했을 때 신체활동량이 적어서 1,500kcal 정도만 소모한다면 500kcal의 잉여에너지가 축적되어 체중이 증가한다. 반면, 같은 2,000kcal를 섭취했어도 신체활동량이 많아서 많은 에너지를 소모하면

1 김영덕, 『녹색은 건강이다』, 청송출판사, 2010, p.232, 일본에서는 BMI 지수가 24 전 · 후를 가장 장수로 본다. 지수가 22~26 이내인 사람은 혈압, 당뇨수치가 특별히 이상이 없는 경우 특별히 체중을 감량할 필요가 없다고 한다.

에너지상태가 (-)가 된다. 잉여에너지가 많을수록 체중증가는 빠르게 가속화되고, 에너지부족이 심할수록 체중이 더욱 감소한다. 그러므로 체중이 증감하는 것은 개인의 에너지 균형에 의하여 일어나는 것이며, 개인마다 나이, 신체의 크기, 에너지섭취량, 신체활동 등이 다르므로 다양하다.

(2) 체중감량 방법

체중을 감량하는 방법에는 ① 에너지섭취량을 줄이는 방법, ② 섭취량은 그대로 두고 에너지소모량을 늘리는 방법이다. 이 두 가지 방법을 효율적으로 응용하여 섭취량은 되도록 줄이고, 소모량을 많이 늘리면 더욱 좋은 결과를 얻을 수 있다.

체지방조직의 에너지함량은 1kg 당 약 7,700kcal에 해당된다고 한다. 그러므로 체중 1kg을 줄이려면 총 7,700kcal를 덜 섭취해야 한다. 즉 하루에 770kcal씩 줄여서 10일에 걸쳐 7,700kcal를 줄이면 약 10일만에 1kg의 체중을 줄이게 되는 것이다. 이 과정을 20일간 계속하면 모두 15,400kcal를 줄일 수 있으므로, 체중 2kg을 감량하게 된다.

체지방 1kg = 7,700kcal / 1일 500kcal씩 덜 섭취하면 약 16일만에 체중 1kg 감소 / 이를 1주일 단위로 계산하면 7일÷7,700kcal = 0.0009

하루에 300kcal씩 덜 섭취한다면 300kcal×0.0009 = 0.27kg/주가 된다. 즉 주당 270g의 체중이 감소한다는 것이다. 이를 한 달간 계속하면 약 1kg의 체중이 감소한다.(하루 300kcal 덜 먹으면 한 달만에 1kg 감량) 그러므로 줄일 수 있는 칼로리 함량을 정하면, 그에 따라 체중이 얼마나 감소될 것인가를 쉽게 구할 수 있다.

체중감량을 위한 식사를 할 때에는 다음과 같은 원칙을 생각하고 실천하는 것이 필요하다.

① 총에너지섭취량을 줄이는 것이 중요하다. 단백질은 필요량을 유지해야 하며 (0.9g/kg 체중), 탄수화물과 지방섭취를 줄여 칼로리를 줄이도록 한다.
② 비타민, 무기질은 충분히 섭취해야 한다.
③ 칼로리는 적되 영양상 균형 잡힌 식사를 규칙적으로 한다.
④ 급격한 체중감소를 꾀하는 식사는 금하고, 장기간 지속할 수 있는 식사를 하여

새로운 식습관을 형성하도록 한다.

4) 체중감량 식이

저열량식이와 체단백질을 유지할 수 있도록 충분한 단백질을 공급해야 한다. 체중감량은 체지방의 감소로 건강을 유지할 수 있다. 장기간 이뇨제나 설사제 등을 과다복용해 제수분의 감소가 심해지면 탈수와 영양결핍으로 체내기능의 약화를 초래하며, 장기화되면 사망할 수 있다. 식욕억제제나 섬유제제를 장기간 복용하면 당분간의 식품섭취량은 감소하지만, 영양불량과 신경성 소화불량이나 거식증이 발생할 수 있어서 아주 위험하다.

이상적인 체중감량은 1주일에 0.5~1kg 정도이다. 체중감량식이는 자신의 열량 필요량의 20% 정도를 감하여 시작한다. 즉 성인여성이 2,000kcal가 필요하면 약 400kcal 정도를 감소시켜 1일 1,600kcal 정도를 섭취한다.

칼로리를 줄이는 대신 식사의 종류를 변화시켜서 만복감을 가지도록 하는 것도 중요하다. 일반적으로 채소류나 해조류, 과일류는 열량함량이 적고 섬유소와 수분의 함량이 많아서 체중감량식이에 유용하다. 죽이나 국수, 국 등의 음식을 이용하여 열량함량이 적으면서도 포만감을 느낄 수 있는 조리법을 선택한다. 수분을 공급하기 위해 설탕을 넣지 않은 차를 마신다. 보리차, 옥수수차, 구기자차, 녹차 등은 저열량식이에 유용하다.

지방은 위에 오래 머물러 공복감을 지연시키며 지용성비타민 이용과 불포화지방산의 공급에 필수적이다. 따라서 지방은 적절한 양을 공급하되 과식하지 않도록 한다. 우리나라 일상식이에서 지방의 열량은 약 10~15% 내 · 외를 차지한다.

탄수화물은 우리의 열량섭취량의 70% 이상을 차지하므로, 탄수화물의 섭취량을 감소시키는 것이 용이하다. 단백질이 열량원으로 이용되는 것을 억제하고 케톤증을 방지하기 위해 1일 최저 100g 이상의 탄수화물을 섭취해야 한다. 또한 알코올섭취를 제한하여 과외 열량섭취를 막아 비만을 방지한다.

① 식습관의 변화: 음식을 천천히 먹고 더 먹고 싶다고 느낄 때 식사를 마친다. 식사를 거르지 않는다. 배가 고프면 한꺼번에 많은 양의 식사를 하기 때문이다. 반찬이 짜고 매우면 밥을 많이 먹기 때문이다. 스트레스나 우울, 화 등을 음식 이외의 다른 방법으로 해소하도록 한다.

② 열량 소비량의 증가: 열량 소비량을 증진시키기 위해 활동량과 운동량을 늘인다. 활동과 열량 소비량은 표 9.2와 같다. 운동을 할 시간이 없다면, 엘리베이터나 버스를 타는 대신 가까운 거리는 걷는다. 운동은 자신의 건강상태에 맞는 것을 선택하여 지속적으로 한다. 에어로빅, 조깅, 수영 등의 온몸운동이 좋다. 비만시의 체중감량은 운동량을 증가시킴으로써 건강하게 체지방을 감소시키고, 근육을 유지함으로써 탄력과 활력을 유지할 수 있다.(표 9.3 참조)

표 9.2 활동에 따른 열량 소비량

활동의 종류	열량 ㎉ / 시간	활동의 종류	열량 ㎉ / 시간
잠자기	54.8	층계 오르기	948
앉아있기	85.8	수영	428.4
설거지	123.6	뛰기	488.4
보통 걷기	256.8	빨리 걷기	556.8
층계 내려가기	312	빨리 타이프치기	120

표 9.3 체중별 30분간 활동할 때 소모되는 에너지(단위 ㎉)

체 중	50㎏	70㎏
제자리 걷기	60	84
빨리 제자리 걷기	105	147
제자리 뛰기	135	189
달리기	330	462
버스에 서서 가기	105	147
일상에서 그냥 서 있기	45	63
승용차 출·퇴근	53	74
서서 회의하기	105	147
잡무 직접 하기	105	147
슈퍼 할인점(쇼핑카트 이용)	60	84
시장 할인점(바구니 이용)	105	147

체 중	50kg	70kg
훌라후프	135	189
부엌 가사노동 손빨래 & 청소 공원산책	60 105 60	84 147 84
농구 & 축구 스트레칭 계단 오르내리기	135 104 225	189 147 315
크게 떠들기 의자에 곧게 앉기 리모컨 사용 안하기	54 30 60	75 63 84

③ 기초대사량을 높이는 식재료를 섭취

- 대두 : 단백질 근육량을 증가시켜 기초대사율을 높이고 체지방을 연소시킨다. 약 1.35kg의 근육질량이 늘어나면 기초대사량이 약 7% 가량 높아진다. 콩나물에는 기초대사량을 높이는 아스파라긴산이 다량으로 함유되어 있다. 아스파라긴산은 이뇨작용을 촉진해 부종을 가라앉히는데도 도움을 준다.
- 미역 : 100g당 22kcal 정도로 저열량식품이며, 다당류가 많아 변비를 예방하여 다이어트에 효과적이다. 기초대사량을 높이는데 도움이 되는 요오드가 100g당 100mg으로 풍부하다.
- 조개 : 단백질과 비타민 B_1이 풍부해 열량 소모량이 커진다.
- 마늘 : 알리신Allicin의 모체인 알린Alliin이 상당량 들어있으며 비타민 B_1, 베타-카로틴, 플라보노이드인 캠페롤, 사포닌 등이 다량으로 들어있어 혈액순환을 돕고 기초대사율을 높여주고 체중을 줄이는데도움이 된다.
- 고추 : 매운맛 성분인 캡사이신은 에너지대사를 촉진하고 체내지방과 당질을 산화시켜 지방축적을 막는다.
- 토마토 : 90% 정도가 수분이며 카로틴과 비타민 C, 섬유소가 많이 들어있다. 한 개당 40kcal 정도로 열량이 낮고 당지수도 14 정도로 매우 낮다.

5) 식사 및 행동양식의 변화

지속적인 의지를 가지고 행동양식을 변화시켜야 체중조절에 성공할 수 있다. 최근 정상체중이거나 저체중인 여성들이 무리하게 저열량식이나 결식을 함으로써 영양불량이나 골다공증을 유발시키는 사례가 많아지고 있어서 사회의 경각심을 일으키고 있다.

기초대사량 저하와 요요현상을 최대한 막으면서 체중을 줄이고 유지하기 위해서는, ① 단식이나 지나친 에너지 제한식으로 몸이 위기상황이라고 느끼게 하지 말아야 한다. ② 폭식하지 않는다. ③ 하루 30분 정도 운동한다. ④ 식품섭취의 구성 비율을 잘 관리하여 단백질이 풍부하고 당지수가 낮은 식품을 섭취한다. ⑤ 살빠지는 속도는 가능한 천천히 진행한다. 살은 빼는 것보다 어떻게 유지하느냐가 더 중요하다. ⑥ 비타민과 무기질을 충분히 섭취하기 위해서는 단백질 급원식품과 과일, 채소류의 섭취를 늘려야 한다. 특히 과일과 채소류는 칼로리가 낮아 유리하며 식이섬유질이 많아 만복감을 주므로 체중감량 시 적합한 식품이다.

체중감량을 확실하게 실천하려면 저칼로리식사를 계획하는 것과 함께 행동습관 교정이 필수적이다. 행동습관을 교정하는 방법에는 음식과 관련된 행동습관을 교정하는 것과 신체활동 강도가 높은 활동으로 대체하여 신체활동량을 증가시키는 방법이 있다.

① 음식을 천천히 먹으면 만복감을 느끼게 되어 적게 먹게 된다.
② 음식을 보면 먹고 싶어지므로, 음식을 눈에 뜨이지 않게 보관한다.
③ 음식은 먹을 만큼 식탁에 놓는다. 남으면 먹어치우려는 욕망이 생긴다.
④ 칼로리가 많은 음식은 구입하지도 않고 만들지도 않는다.
⑤ 간식을 주로 하는 시간대에 약속을 하여 간식시간을 피한다.
⑥ 가까운 거리는 차를 타지 않고 걷는다.
⑦ 엘리베이터 대신 계단을 이용한다.
⑧ TV를 시청하는 대신 운동을 한다.

이와 같이 행동을 교정하여 습관화 하면 장기간 지속할 수 있기 때문에 효과를 거둘 수 있으며, 치료 후에도 체중이 다시 증가할 염려도 없어 최근에는 식이요법, 운동요법과 병행하여 행동습관 교정요법을 비만치료에 많이 이용하고 있다. 약물로 치료한 경우에는 치료가 끝난 후에 더욱 체중이 증가하여 약 50주 후에는 치료 전보다 오히려 체중이 더 증가하였다. 그러나 행동을 교정하여 치료한 경우에는 치료가 끝난 후에도 계속 낮은 체중을 유지하였다. 그러므로 최근에는 비만치료를 위해 여러 가지 방법이 소개되고 있으나, 일시적인 효과를 보일 뿐이며 장기적으로 볼 때는 오히려 건강을 해치는 경우도 있으므로, 무문별한 비만치료를 피하고 비만에 대한 정확한 지식을 가지고 적절한 방법을 실천하는 것이 필요하다.

건강정보

식욕억제 호르몬

'렙틴', '뉴로펩타이드Y', '갈라닌' 등은 식욕과 관련된 것으로 알려진 호르몬이다. 그러나 체내 적용방식은 아직 연구단계이며, 지방세포에서 나오는 렙틴은 음식을 충분히 섭취했을 때 뇌에 '배가 부르다'는 정보를 전달하는 물질이다. 비만한 사람은 '렙틴'이 제대로 작용하지 못하거나 렙틴을 제대로 받아들이지 못하는 뇌세포의 수용체에 문제가 있는 것으로 추정한다.

성장호르몬은 체지방을 근육으로 바꾼다. 식이요법과 함께 사용하면 더 큰 효과를 본다. 연세대 의대 영동세브란스병원 비만클리닉 남수연 교수팀이 4개월 동안 비만환자 20명에게 매일 한 끼 식사분인 500㎉만을 주는 식이요법을 실시했다. 식이요법만 실시한 집단은 체중이 1㎏ 감소할 때 체지방이 500~600g 줄었으나, 식이요법과 함께 성장호르몬을 투여한 집단은 체지방이 900g 이상 감소하였다. 성장호르몬은 활발히 움직일수록 많이 나온다.

감상선질환으로 갑상선호르몬 분비가 적어지면 신진대사가 늦어져 체중이 증가한다. 이때는 갑상선 호르몬을 투여한다. 또 스테로이드호르몬 '코르티솔'이 많아지면, 식욕은 왕성해지나 에너지소모율은 떨어져 체중이 증가한다. 관절염약 등 스테로이드 제제를 남용하는 것은 피해야 한다.

건강정보

현미식과 다이어트, 그리고 당뇨병[2]

왕겨만 벗겨 낸 현미는 백미보다 섬유질이 풍부하다. 섬유소는 장의 연동을 돕고 배변을 쉽게 할 뿐만 아니라 적게 먹어도 포만감을 느끼게 하여 다이어트에 효과적이다. 단백질과 비타민 B군도 풍부하다. 배아부분에 노화를 방지하는 항산화제인 토코페롤을 함유하고 있어 노화방지에도 기여한다. 현미식은 당뇨병환자에게도 좋은 것으로 알려져 있다. 식후 포도당의 혈당수치를 100으로 보았을 때, 백미의 혈당수치는 70~79인데 현미의 혈당지수는 60~69%였다.(참고 : 콩은 10~19%)

02 저체중

최근 청소년을 비롯하여 남녀노소를 막론하고 체격이 날씬해지기를 갈망하는 사람들이 많다. 그리하여 무리한 방법으로 체중을 감량하여 건강을 해치고 심지어는 '거식증' 등으로 생명을 잃는 경우가 있다.

저체중은 정상체중의 10% 이하 또는 BMI 20 이하일 때를 말하는데, 이러한 경우 외견상 별문제가 없어 보일지라도 건강에는 큰 위험이 따른다.

지난해 브라질의 모델 아나 카롤리나 레스톤 등 3명이 거식증으로 사망했다. 올해는 우루과이의 두 자매 모델이 심장쇼크로 사망했는데, 심장마비의 원인이 영양실조라고 알려졌다. 불행한 사건들이 이어지자, 국제패션계에서는 너무 마른 모델을 기용하지 말자는 움직임이 일고 있다. 세계보건기구에서는 신체질량지수가 18. 이하가 되는 모델은 규제할 생각이라고 한다.

1) 저체중과 건강악화

저체중일 때는 항상 피로하고 머리가 무거우며, 어지럽고 활력이 떨어져 만사에

2 한영실, 『음식상식 백가지』, 현암사, 1999, p.17.

의욕이 없게 된다. 저체중 현상이 더 심화되면 극심한 영양실조로 인하여 비만보다 더 큰 문제점을 나타낸다.

① 체온이 낮아진다.
② 기초대사량이 낮아진다.
③ 심박동이 느려지고 극심한 피로, 기절 등을 경험한다.
④ 골다공증, 철 결핍성빈혈, 그리고 무월경 등이 일어난다.
⑤ 피부가 거칠어지고 머리카락이 빠진다.
⑥ 백혈구가 감소되고 저항력이 떨어져 쉽게 감염된다.
⑦ 체열발산을 막기 위해 온몸에 솜털이 생긴다.

2) 식이장애와 치료방법

(1) 식이장애

저체중현상이 나타나는 원인은 여러 가지가 있으나, 최근에는 경제적으로 윤택한 사회에서는 비만을 우려한 나머지 음식을 무조건 거부하는 '신경성 식욕부진증 Anorexia Nervosa'과 굶은 후 과식을 하는 행위 혹은 과식을 한 후 토하거나 설사약 등을 이용하는 '폭식증Bulimia'이 있다.

'신경성 식욕부진증'이 계속되면 신체에서는 면역기능이 저하되고 빈혈이 생기며 위장장애가 나타난다. 위의 연동운동이 느려져 음식을 빨리 먹게 되면 위가 바로 꽉 차게 되며, 위장표면 세포기능이 위축되어 적당한 양의 음식을 먹더라도 쉽게 설사를 한다. 췌장에서는 소화에 필요한 효소를 제대로 분비하지 못하게 된다. 이외에도 피부가 건조해지고 체온이 떨어지며 수면장애가 생긴다.

'폭식증'은 전해질과 체액의 불균형 상태가 나타나며 심장박동이 불규칙해지고 신장에 손상이 온다. 또한 구토를 계속하게 되면 후두, 식도, 타액선에 자극과 염증을 일으키고 pH2로 산도가 높은 위액이 올라와 치아의 부식과 충치를 발생시킨다. 위장과 식도도 산에 의해 상하게 된다.

(2) 치료방법

일종의 정신과적 질환으로서 식이요법만으로는 치료가 어렵다. 정신과 치료를 먼저 받은 후 영양주사나 튜브식이로 영양보충을 한다. 또한 장기간에 걸쳐 영양교육을 하여 서서히 정상식사 형태를 회복할 수 있도록 한다.

건강정보

웰빙(Well-being)을 위한 식습관

1_ 소식을 한다. 식사의 양은 건강에 중요한 포인트다. 위의 8부 정도만 음식을 적게 먹는 것이 좋다. 과일을 많이 먹는 것이 좋다고 해서 식후 디저트로 먹는데, 과식의 원인이 되므로 주의한다. 과일은 밥 먹기 전에 먹는 것이 식사량을 줄일 수도 있고, 과일에 포함되어 있는 영양소 흡수도 훨씬 효과적이다.

2_ 하루에 물을 1리터 이상 마신다. 음식물이 생명을 유지하는데 꼭 필요한 요소라면, 수분은 건강을 유지하는데 중요한 역할을 한다. 몸에 수분이 없으면 영양소를 운반하거나 몸속의 노폐물을 내보내지 못하기 때문이다. 우유나 차 같은 음료를 포함해 하루에 물을 7~8컵 이상 반드시 마시도록 한다. 건강뿐만 아니라 피부미용에도 좋다.

3_ 김치나 된장 등 발효식품을 많이 섭취한다. 음식은 싱겁게 조리하고 인스턴트, 가공식품 등은 되도록 먹지 않도록 한다. 김치나 된장 등 발효식품을 자주 섭취한다. 밥을 먹을 때는 반찬을 골고루 먹어 단백질, 지방, 당질, 비타민 등의 영양소를 고루 섭취할 수 있도록 한다.

4_ 과일과 뿌리채소는 유기농 제품으로 구입하여 껍질도 같이 먹는다.

5_ 녹황색 채소 등을 꾸준히 섭취한다.

6_ 우유와 콩 등을 먹어 뇌의 노화를 막는다.

7_ 설탕과 지방질 그리고 기름기 있는 음식은 적게 섭취해야 한다.

8_ 음식을 완전히 씹어 먹어야 한다.

9_ 반듯한 자세로 식사해야 한다. 등을 바로하고 앉아서 먹어야 에너지가 척추를 따라서 자유로이 흐를 수 있으며 소화기관에 압박을 가하지 않는다.

당뇨병

CHAPTER 10

 당뇨병의 원인

당뇨병은 췌장에서 분비되는 인슐린의 작용이 부족해서 생기는 탄수화물 대사이상이며 지방, 단백질, 전해질의 대사장애도 수반한다. 여러 가지 복합적인 요인에 의해서 발병되는데, 유전적인 요인이 강하며 비만, 연령, 감염, 내분비이상, 임신, 정신적 스트레스, 영양불량 등도 원인이 된다.

당뇨병환자는 공복 시 혈당이 비정상적으로 높은 것을 이용하여 공복혈당검사를 당뇨병 진단에 이용한다. 정상인의 공복혈당은 70~120mg/dL이다. 공복혈당이 140mg/dL이면 당뇨병으로 진단된다.(표 10.1 참조)

표 10.1 공복, 식후 적정 혈당수치(mg/dL)

검사시간	매우 좋다	좋다	보통이다	나쁘다
매식 전(공복)	60~100	100~140	140~180	180 이상
식　후	110~140	140~180	180~220	220 이상

* 자가 측정값은 병원에서의 혈장혈당검사 수치보다 10~15% 낮을 수 있다.

당뇨병의 공복, 식후 혈당 수치도 중요하지만, 무엇보다 당뇨환자가 주의를 해야 하는 수치는 당화혈색소 수치이다. 당화혈색소는 혈중 포도당이 적혈구의 단백질인 혈색소(헤모그로빈)의 일부와 결합한 형태를 말하며, 당화혈색소는 혈당이 높은 정도와 적혈구가 포도당에 노출된 기간에 비례해 증가하며, 지난 2~3개월 동안의 평균적인 혈당조절 상태를 알려주는 수치이다.

정상인의 당화혈색소 범위는 4~6%이고, 당뇨인의 당화혈색소 조절목표는 6.5~7% 이하로 유지하는 것이다. 당화혈색소가 1% 올라갈 때마다 혈당치가 평균 30mg/dL 정도 올라간다.[1]

당뇨병의 특징은 고혈당, 당뇨이다. 자각증상은 갈증, 다뇨, 공복감, 체중감소, 피

1 서울아산병원 건강칼럼

로감 등이며, 합병증으로는 혈관장애, 신장질환, 안질환, 신경염 등이다. 중증이 되면 케토산혈증Ketosis이 나타나며 혼수를 일으키기도 한다.

1) 유전적 요인

유전적인 소질로는 체내에서 인슐린작용이 부족되기 쉬운 성질을 들 수 있다. 즉 동일가계 내 당뇨병이 많이 발생하는 것을 말한다. 부모가 모두 당뇨병인 경우 자녀의 발병률은 약 9%이고, 부모 중 한 사람만 당뇨병일 경우 자녀의 발병률은 약 5%이며, 인종별로 유태인의 발병률이 높다.

2) 연령과 성별

15세 미만에 발생하는 소아당뇨는 대개 유전성이 많다. 중년기 이후 비만과 함께 오는 경우 비인슐린 의존형 당뇨가 많다. 40세 이후부터는 10년을 주기로 당뇨병이 급격히 증가되며, 20~40세에 비해 40~50세는 약 5배, 50~60세는 10배, 60~70세는 20배의 발병자가 나타난다. 남자가 여자보다 약 3배가량 높은 유병률을 보인다. 아세아에서는 남자의 당뇨병 유병률이 높고, 서구에서는 여성의 유병률이 높은 것도 특징이다.

3) 생활습관 관련 원인

(1) 비만과 활동부족

성인형(비인슐린 의존형) 당뇨병의 경우, 환자의 60~90%가 발병 전에 체중과다를 보인다. 비만증치료를 통해 체중이 감소하면 당뇨병 증상이 완화된다. 정상체중의 유지가 당뇨병의 예방과 치료에 중요하다. 운동부족은 인슐린 수용체를 감소시킴으로써 당뇨병의 발병원인으로 지적되고 있다.

(2) 식이

총열량 섭취량이 소비량보다 많으면 비만과 당뇨병이 유발될 수 있다. 탄수화물과 설탕 함유식품의 과다섭취 등이 과외열량 섭취의 원인으로 지적되고 있다. 섬유소 다량섭취는 당뇨병을 완화시키는 것으로 알려지고 있다.

(3) 정신적 스트레스

정신노동자와 심한 스트레스를 받는 직업의 종사자, 정신적 충격을 받은 사람에게서 당뇨병 발생이 높게 나타나고 있다. 스트레스는 인슐린분비 조절기구인 중추신경계에 영향을 주어 비만을 일으켜 당뇨병의 원인이 된다.

(4) 임신과 내분비이상

임신 시 포도당 내성이 저하되어 유전적 소질이 있는 임신부에게서 당뇨병이 발생한다. 뇌하수체 호르몬, 부신 호르몬이 과잉 분비될 때도 발생할 수 있다. 췌장염, 간질환, 신장병이 있을 때 당뇨병 발생률이 높다. 이러한 질환이 치료되면 당뇨병은 호전된다.

02 당뇨병의 식이요법

1) 총열량 섭취량의 조절

총열량 섭취량의 조절목적은 이상적 체중의 유지이다. 환자의 활동량, 성별, 연령, 신장, 체중의 증가·감소 여부에 따라 개개인에 맞게 결정한다.

체중과다Over Weight 환자에게는 권장량보다 1일 500~1,000㎉를 감량시켜 주면 1주에 약 1.5~1㎏ 정도의 체중감량을 기대할 수 있다. 또한 임산부와 수유부는 열량 필요량이 증가되므로 300~500㎉를 추가함으로써 임신기간 동안에는 약 10㎏의 체중이 증가할 수 있도록 해야 한다.

적정체중은 BMI를 이용하여 정하는데 20~25일 때가 적정의 범위이나 당뇨병환자의 경우 22를 기준으로 한다.

2) 3대영양소의 균형

탄수화물은 총열량의 55~60% 정도 섭취하도록 한다. 탄수화물은 열량원으로써 인슐린 의존도가 크므로 제한이 필요하다. 단백질은 15~20% 섭취하는데, 섭취단백질의 1/3은 반드시 동물성 단백질로 섭취하도록 한다. 지방은 20~25%로 섭취한다. 지방의 배분율은 총열량 섭취량이 1,300㎉ 이하이거나 2,000㎉ 이상이면 조절해야 한다. 지방을 과다섭취하면 케톤산혈증, 고지혈증을 유발할 수 있다. 포화도가 높은 동물성지방은 혈관 합병증을 일으키므로, 불포화도가 높은 식물성지방으로 섭취해야 한다.

녹황색채소와 해조류, 과일 등을 충분히 섭취하여 비타민, 무기질의 공급이 부족하지 않도록 유의한다. 당질대사를 촉진시키기 위해서 비타민 B군도 충분히 섭취한다. 무기질은 뼈와 세포의 구성요소인 동시에 몸의 생리기능을 조절하는 데에도 관여한다. 나트륨, 칼슘, 칼륨, 인, 철 등이 중요하다.

하루섭취 열량이 1,800㎉ 이상인 당뇨병환자는 우유 2교환, 그 이하는 적어도 1일 1교환씩은 우유를 섭취해야 한다.(표 10.2 참조)

표 10.2 당뇨병환자의 식이 중 총열량에 따른 3대 영양소의 배분

총열량(㎉)	탄수화물(g)	단백질(g)	지방(g)
1,500	215(57)	72(19)	39(24)
2,000	293(59)	90(18)	52(23)

3) 식사시간과 간격

식사횟수를 5~6회로 늘리고 규칙적으로 식사한다. 균등한 배분은 혈당수준의 심한 변동과 저혈당증을 방지한다. 인슐린 의존형환자에게는 이 점이 더 중요하다. 당뇨병환자가 균형된 식사를 하기 위해서는 식품에 대해 잘 알고 계획을 세워야 한다. 이를 위해 식품교환표(앞 표 10.1 참조)를 이용한다. 식품의 분류는 곡류군, 어육류군, 채소군, 지방군, 우유군, 과일군으로 각각 '1교환 단위'의 양이 정해져 있어서, 같은 식품군 안에서는 환자의 기호에 따라 배정된 양만큼 바꾸어 선택할 수 있다.

4) 피해야 할 식품

설탕, 꿀, 시럽 등은 혈당을 급격히 올리므로 금한다. 잡곡밥을 선택하여 섬유질, 비타민, 무기질 섭취를 증가시키고, 외식 때는 열량이 높은 음식을 피한다. 식품 종류가 골고루 배합된 균형 잡힌 식단을 선택한다. 알코올은 빨리 흡수되며 7㎉/g의 열량을 내므로 섭취열량만큼 다른 식품을 줄여야 하며, 당뇨조절이 잘되는 경우 1~2잔정도 마신다. 인슐린 의존환자가 공복 시 술을 마시거나 운동을 45분~1시간 정도 하면 저혈당증을 유발하게 된다.

5) 당뇨병환자의 식사 시 주의사항

① 식사는 규칙적으로 정해진 시간에 한다. 식사를 거르지 말고 세 끼의 식사와 간식을 규칙적으로 섭취하며, 하루 허용섭취량에 익숙해지도록 정해진 양을 정확히 계량하여 먹는다.(2㎏ 미만 저울 사용)

② 매일 일정한 시간에 일정량의 운동을 함으로써 표준체중을 유지하도록 하고, 자주 체중을 측정한다.

③ 음식은 되도록 자극성 없게 싱겁게 먹는다. 한국인의 소금 섭취량은 약 15~20g이나, 당뇨병에서 오기 쉬운 합병증인 동맥경화증을 가속시킬 수 있으므로 1일 10g 이하로 섭취한다.

④ 인슐린주사를 맞을 경우에는 잠자기 전 밤참을 먹도록 한다. 밤참은 잠자기 2시간 전에 먹는 것이 좋으며, 잣죽과 같은 간단한 것으로 준비하고, 우유 · 과일 · 채소 등을 적절하게 택하여 먹도록 한다.

⑤ 동맥경화증이나 고혈압의 합병증을 예방하기 위해 식물성기름으로 조리한다. 포화지방산이 많이 함유된 식품은 혈중콜레스테롤 함량을 높이며, 불포화지방산은 혈중콜레스테롤을 낮추는 효과가 있으므로, 참깨나 들깨 · 들기름 등 식물

성기름을 섭취하도록 한다.

⑥ 공복감을 해소하기 위해 천천히 잘 씹어서 먹도록 한다. 정신적으로 안정을 취해야 하며, 설탕섭취를 줄이기 위해 감미료로서 칼로리는 거의 없으며 단맛을 내는 아스파탐계 감미료 등을 사용하는 것도 괜찮다. 외식 시에는 설탕을 많이 사용한 음식, 튀김음식, 중국음식은 피한다.

⑦ 알코올음료는 우리 몸에 필요한 영양소는 없고 칼로리만 있으므로 되도록 피하는 것이 좋다. 합병증이 있는 경우는 절대 금지해야 한다.

03 당뇨병의 혈당관리

당뇨병환자의 적은 고혈당(高血糖)이다. 당의 함유량이 높은 걸쭉한 혈액이 혈관을 막아 여러 합병증을 유발하기 때문이다. 따라서 ① 약물치료를 포함한, ② 식사요법, ③ 운동요법 등 모든 투병생활이 혈당을 잡는데 초점이 맞춰져 있다. 이 중 혈당을 직접 끌어내리는 치료약은 절대적이다. 약물이 주역이라면, 나머지는 조연인 셈이다. 특히 최근엔 환자들의 혈당관리를 도와주는 무기가 빠르게 발전하고 있다. 대표적인 것이 인슐린주사제이다.

1) 혈당관리의 실패원인

지난 해 경제협력개발기구OECD 통계를 보면[2], 당뇨병으로 인한 한국인의 사망률은 35.3명으로 OECD국가 중 최고이다. 일본 5.9명, 독일 15.6명, 영국 7.5명이며 전체 평균은 13.4명에 불과했다.

혈당관리의 실패 원인 중 하나가 치료제에 대한 인식부족이다. 특히 인슐린주사가 필요함에도 먹는 약만 고집하다 혈당조절에 실패하는 사례가 외국보다 훨씬 많다는

2 당뇨치료, 생각을 바꿔라, 중앙일보 2006년 6월 19일자, 26면.

것이 이를 반영한다. 당뇨병학회의 자료에 따르면, 우리나라에서 인슐린주사를 맞는 사람은 4.1%, 먹는 혈당강하제와 인슐린을 병용하는 환자는 10.1%에 불과했다. 반면, 선진의료국은 인슐린주사 사용 환자비율이 우리나라의 2~3배이다.

우리나라 환자는 인슐린주사를 말기당뇨병 치료제로 생각하는 경향이 있다고 한다. 그러므로 주사제에 대한 부정적인 인식부터 바뀌어야 한다.

2) 적극적 혈당관리

먹는 당뇨약(경구용)과 주사제는 혈당을 잡는 방법이 다르다. 경구용은 인슐린 분비를 촉진하거나 인슐린작용을 증대시켜 혈당을 낮춘다. 대표적인 경구용 치료제인 설폰요소제의 경우, 인슐린을 분비하는 췌장을 자극하고 분비된 인슐린이 세포에 잘 결합하도록 도와준다. 따라서 경구용은 성인이 되어 나타나는 당뇨환자가 대상이다. 이른바 인슐린 비의존성 당뇨병(2형 당뇨병)이다.

문제는 이들 환자 중에도 인슐린이 필요한 환자가 있다고 한다. 오랜 기간 당뇨병을 앓아 췌장기능이 망가진 사람들이다. 대부분 경구용과 음식, 운동요법으로 혈당이 관리되지만, 전체 환자 중 10~15%는 인슐린이 재대로 분비되지 않는 인슐린 요구형 환자로 분류된다. 주사제는 인슐린 그 자체다. 유전자재조합으로 만들었지만 우리 몸에서 분비되는 인슐린 호르몬의 역할을 똑같이 수행한다. 따라서 지금까진 인슐린 의존성, 즉 어릴 때부터 췌장이 망가진 소아형 당뇨환자(1형 당뇨병)에게 처방해 왔다. 또 2형 당뇨병이라도 임신, 수유중인 경우, 수술환자, 외상 및 감염환자도 대상이다. 이와 함께 2형 당뇨환자에게도 치료영역을 넓혀가고 있는 것이다.

그러나 '당뇨치료 = 인슐린투여' 공식이 다 맞는 건 아니라고 한다. 허갑범 연세대 명예교수의 연구발표를 보면, 당뇨환자 73%가 인슐린저항성 환자로 나타나 인슐린 투여 땐 다른 동반질환이 증가할 수 있으므로, 생활습관 개선으로 인슐린 감수성을 높여야한다고 발표했다.

한국인 당뇨환자 10명 중 7명은 치료 때 인슐린 투여에 신중해야 한다는 조사결과가 제시됐다. 당뇨병이라고 인슐린을 함부로 쓰면 안 되며, 인슐린저항성부터 알아봐야 한다는 것이다. 허갑범 연세대 명예교수(허내과 원장)와 이현철 연세의대 교수팀(이은영 · 최영주)은 2003년 1월부터 2009년 6월까지 6년 반 동안 서울 허내과에 내원한 6,925명의 환자를 대상으로 분석한 결과 73.1%인 5,065명에게 인슐린저항성이 진단됐다고 하였다.

인슐린저항성은 인슐린이 제대로 분비되지만 어떤 원인으로 제대로 작용하지 못하는 것을 말하는데, 이때는 인슐린 투여가 아니라 생활습관 개선과 인슐린 감수성을 높이는 치료가 요구된다.

조사결과에 따르면, 인슐린저항성이 진단된 환자들에게 대사증후군의 진단기준을 적용한 결과 51.9%인 2,629명이 대사증후군이 있었다. 대사증후군은 당뇨병, 고혈압, 심 · 뇌혈관질환 등 치명적 질병의 근원이 되는 질환으로 내장지방이 축적돼 남자는 허리둘레가 90㎝, 여자는 80㎝ 이상이고, 고혈압 및 당뇨병 직전의 높은 혈당, 이상지혈증을 동반한다. 이들에게 혈당을 낮추기 위해 인슐린을 투여하면 인슐린사용 비율이 높았음에도 혈당조절은 잘되지 않았다는 게 연구팀의 설명이다.

인슐린저항성이 있는 환자는 경동맥의 두께가 유의하게 높았고, 경동맥경화증과 고혈압 등 동반질환의 유병률이 높게 조사됐다. 허교수는 “당뇨병환자들을 관리할 때 인슐린저항성 유무를 판단하는 것이 매우 중요하다.”며 “혈당이 높다고 인슐린을 함부로 사용하는 것은 환자에게 다른 동반질환을 증가시키거나 동반질환으로 인한 위험을 초래하는 만큼 유의해야 한다.”고 말했다.

Health & Well-being
Management of Dietary Life

심·혈관계질환

CHAPTER 11

심 · 혈관계질환은 만성퇴행성 질환의 일종으로 식습관, 운동, 휴식, 흡연, 과음 등과 유전, 스트레스 등이 복합적으로 작용하여 일어난다. 심 · 혈관계질환은 심장과 혈관에 일어나는 질병을 통칭하는 것으로, 고혈압과 동맥경화증, 심장마비 또는 심근경색, 뇌졸중 등이다. 가장 중요한 증상은 고혈압과 동맥경화증으로 모든 심혈관계 질환의 원인이 된다. 고혈압일 때는 혈관벽이 손상되어 동맥경화증이 유발되고, 동맥경화증일 때에는 혈액 통과량이 감소되므로 혈압이 높아져 고혈압이 된다.

01 고혈압

고혈압은 혈압이 정상보다 계속적으로 높은 경우이다. 정상혈압은 90～120㎜Hg이며, 일반적으로 고혈압은 95～160㎜Hg 이상, 저혈압은 60～100㎜Hg이다. 고혈압은 직접적인 사인이라기보다 동맥경화증이나 관상심장병 같은 질병을 유발하여 사망원인이 된다.

1) 고혈압의 원인

고혈압은 본태성고혈압Essential Hypertension과 2차성고혈압Secondary Hypertension이 있다. 본태성고혈압의 원인은 아직 뚜렷하게 밝혀지지 않았으며, 고혈압환자의 90%가 여기에 속한다. 과식, 육식, 단백질, 지방 등을 대량으로 섭취하였을 때 발생할 수 있다. 특히 비만은 고혈압의 발생 위험을 높인다. 식염을 계속 과다하게 섭취하면 나트륨이 체내에 과잉 축적되어 세포외액량이 증가된다. 또한 세동맥벽의 흥분성을 높이고 세동맥의 저항을 높이므로 혈압을 상승시킨다.

2) 고혈압의 식이요법

아직까지 현대의학으로 본태성고혈압을 완전히 치료할 수는 없다. 그러나 더 이상 진전되지 않도록 방지할 수는 있다. 다른 질병 때문에 고혈압이 발생했다면, 그 원인을 치료함으로써 치료가 가능하다.

(1) 저염 식이

일반적 식이요법으로 가장 중요한 것은 저염 식이이다. 나트륨의 체내저류로 인해 수분저류가 일어나고, 그에 따라서 혈류량의 증가되어 혈압이 높아진다. 그러므로 저염 식이, 그 중에서 특히 저나트륨 식이를 실시한다.

중간 저나트륨 식이(2,000~3,000mg 나트륨 식이)는 5~7.5g의 소금을 섭취하는 식이이며, 이 양은 평균 우리나라 식염 섭취량의 1/3 정도에 해당한다. 저나트륨 식이(600~1,200mg 나트륨 식이)는 식염을 1.5~3g 섭취할 수 있는 식이이다. 조리용 소금의 사용을 일체 금하며, 나트륨이 다량 함유된 식품도 제한한다. 최저나트륨 식이(200~400mg 나트륨 식이)는 저나트륨 식이에 덧붙여 나트륨성분이 많은 모든 식품을 제한하고, 우유도 1일 1/4컵으로 제한한다. MSG, 방부제, 베이킹파우더, 중조 등을 제한한다. 소다수, 청량음료 등도 제한한다. 이산화탄소가 심장에 압박을 주기 때문이다.

(2) 저염 식이를 위한 조리상의 주의

저염 식이는 식사를 모두한다는 전제 하에 실시된다. 식욕부진에 맛이 없는 식사를 하는 것은 큰 고통이므로 식욕증진법을 찾아야 한다. 특히 독특한 맛과 향기를

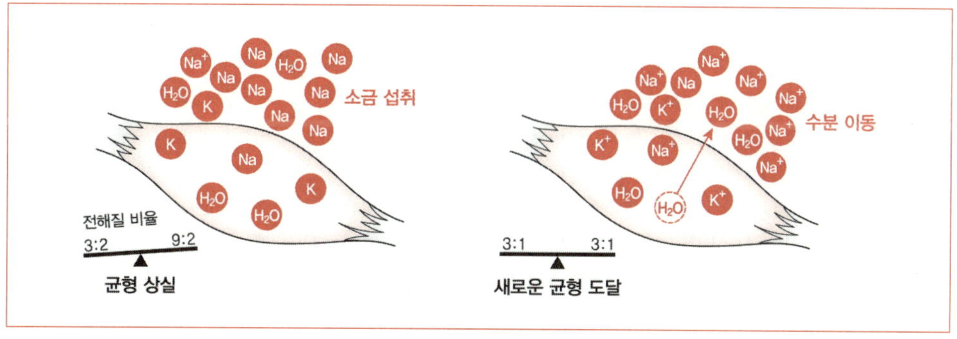

그림 11.1 나트륨에 의한 수분이동[1]

1 김숙희 외 2인, 『식생활과 건강』, 신광출판사, 1997, p.134.

잘 이용한다. 쑥갓, 파슬리, 들깻잎, 풋고추, 양파, 마늘 등과 식초를 잘 배합한다. 갖가지 색과 모양의 배합을 이용하여 식욕을 촉진시킨다. 식기나 식탁을 밝고 무드있게 꾸며 권태감을 줄일 수 있게 하며, 음식의 온도를 과열과 과냉을 피한다. 1회의 식사량을 줄이고 1일 5~6회로 나누어서 식사하며, 과체중이나 비만이 되지 않도록 주의한다.

건강정보

나트륨 섭취 줄이기

최근 우리나라는 고혈압 등 만성질환이 높아지고 있으며, 나트륨 섭취를 줄이는 것이 심혈관질환에 의한 사망자를 줄이는데 최적임이 밝혀졌다. 이에 따라 정부는 직능별 TF팀을 운영하여 조리자와 섭취자 모두를 대상으로 나트륨 저감화정책에 나설 계획이다.

나트륨(Na)은 신경이나 근육의 움직임을 조절하고, 혈액과 체액에 섞여 세포 속의 영양분을 운반하고 삼투압작용을 통해 신진대사를 촉진하는 등 우리 몸에 꼭 필요한 필수 영양소이지만, 과잉섭취 시에는 고혈압, 위암, 신장염, 심장병, 뇌졸중 등 여러 가지 병의 원인이 된다.

노연홍 식약청장은 식품의약안정청과 한국보건산업진흥원이 공동 주관한 2010 10월 13일 "나트륨 섭취 줄이기 대토론회"에서 "우리나라 국민의 평균 나트륨 섭취량은 WHO권장수준의 2배 이상으로 알려져 있다."며 "나트륨섭취 저감화는 이러한 현안에 대한 효과적 예방정책으로 제조 및 조리단계부터 개선하여 나트륨을 적게 섭취하는 환경을 조성하는 것이 급선무다."고 강조했다.

식약청이 2008년 국민건강영양조사를 심층분석한 결과에 따르면, 우리나라 국민의 81%는 WHO 나트륨섭취 권고량인 2,000㎎ 이상을 섭취하며 국민의 46%는 2배 이상 섭취, 국민의 9%는 4배 이상 섭취하는 것으로 나타났다. 또한 지난 9월 말 전국 19세 이상 성인 1,500명을 대상으로 "나트륨에 관한 소비자 인지도"를 조사한 결과, 역시 우리나라 국민 10명 중 7명은 외식으로 인하여 나트륨을 많이 섭취한다고 인식하고 있는 것으로 나타났다.

박혜경 식약청 영양정책과장은 "우리 국민 대다수가 나트륨섭취를 줄여야 한다고 생각은 하는 반면, 나트륨에 대해 잘 알지 못하고 실제로 맛을 중시하는 식습관 때문에 그 양을 줄이려는 실천의지가 약하다."고 말했다. "중장기적으로는 구체적으로 쉬운 실천방안을 확산함으로써 새로운 식문화를 만들어나가는 것이 목표이다."

건강정보

週 1시간 速步, 고혈압에 특효

일본의 국립건강영양연구소와 국립요양소 중부병원은 고혈압환자들이 일주일에 한 시간 이상 빠른 걸음으로 걷는 게 혈압을 낮췄다고 발표했다. 고혈압환자 207명을 대상으로 8주간 실시한 결과, 1시간에서 1시간 30분 동안 운동한 그룹에서 그 효과가 가장 컸으며, 그 후 시간을 늘려도 혈압에는 변화가 없었다.
심장박동수가 1분에 110~120이 될 정도로 빠른 걸음으로 걷는 가벼운 운동이 혈압을 내리는 데에 효과적이라고 한다.

자료 | 도쿄 김현기 특파원, 중앙일보 2003년 10월 6일자

건강정보

소금섭취 줄이기 힘들면, 저나트륨 소금으로

한국인의 하루 평균 소금섭취량은 13.5g(국민건강영양조사, 2005년)이다. 이는 한국인 영양섭취기준에 따른 충분섭취량인 3.75g, 목표섭취량인 5g보다 현저히 높은 수준이다. 세계보건기구(WHO)의 하루 소금 권장량인 5g의 2.7배에 달한다. 일본인(하루 10.7g), 영국인(11g), 미국인(8.6g)보다 훨씬 짜게 먹는다.
10여년 전부터 '소금섭취를 줄이자'는 캠페인을 벌여왔지만, 하루 평균 소금섭취량은 1998년 10g, 2001년 12.2g, 2005년 13.5g으로 꾸준히 늘고 있다. 특히 고혈압 발생요주의 대상인 3,40대 남성의 섭취량이 가장 높았다.
일본의 경우 '건강일본 21'을 통한 보건소의 영양교육 프로그램, 저염조리실 운영, 저염식품 생산 유도, 미디어를 통한 교육홍보 효과로 75년에 하루 14.5g이던 소금섭취량이 2004년 10.7g으로 줄었다. 소금은 나트륨과 염소로 구성된다. 이 중 혈압을 올리는 성분은 나트륨이다. 따라서 나트륨을 줄이는 일이 더 중요하다. 천연식품 자체(특히 동물성식품)에 자연적으로 들어 있는 나트륨의 양은 그리 많지 않다. 하루 전체 나트륨 섭취량의 10% 가량만 천연식품에서 얻는다. 문제는 양념, 화학조미료 등 조리에 첨가된 나트륨이다.
소금, 간장, 된장, 고추장 등 양념을 넣은 된장찌개 1인분(150g)의 나트륨함량은 490㎎으로, 이는 소금 1,225㎎에 해당한다.(나트륨양×2.5 = 소금양) 화학조미료인 MSG와 방부제, 베이킹파우더, 중조 등에도 나트륨이 들어있다.
소금섭취를 줄이는 법은 저나트륨 소금을 섭취하고 채소, 과일 섭취를 늘이는 것도 대안이다. 채소 · 과일에는 '혈압조절 미네랄'로 통하는 칼륨이 풍부하게 들어있기 때문이다. 칼륨은 나트륨의 체외배설을 돕는다. 한국인이 과도한 고염식을 하면서도 건강을 유지하는 것은 채식위주의 식사를 통해 칼륨을 충분히 섭취해왔기 때문이기도 한다.

건강정보

소금 덜먹기 3단계 5가지 요령

1단계(식품 선택과 구입단계)
- 생선은 자반보다 날생선을 선택한다.
- 가공식품보다 가능한 자연식품을 선택한다.
- 가공식품은 영양표시를 꼭 읽고, 나트륨 함유량이 적은 것을 선택한다.
- 양념은 저염간장, 저염된장, 저나트륨소금 등 저염제품을 선택한다.
- 장아찌, 젓갈, 염장미역 등 염장식품을 되도록 선택하지 않는다.

2단계(조리단계)
- 조리의 마지막 단계에서 음식의 간을 한다.
- 소금을 적게 넣고 향이 있는 채소나 후춧가루, 고춧가루, 파, 마늘, 생강, 양파, 카레가루 등 향신료를 사용해 맛을 낸다.(식초, 레몬즙, 설탕 등 신맛과 단맛을 이용해 맛을 내고, 음식을 무칠 때 김, 깨, 호두, 땅콩, 잣을 갈아 넣어 맛을 낸다)
- 김치는 가능한 겉절이를 만들고, 포기김치는 살짝 절여 싱겁게 담근다.
- 라면, 즉석국 등 가공식품을 조리할 때 수프의 양을 적게 넣는다.
- 생선은 소금을 뿌리지 않고 굽는다.

3단계(식사단계)
- 하루 한 끼는 김치 대신 생채소와 쌈장을 먹는다.
- 튀김, 전, 구운생선, 회는 양념장에 살짝 찍어먹는다.
- 국(찌개)의 국물은 작은 그릇에 담아 적게 먹는다.
- 탕 종류를 먹을 때는 소금보다 후춧가루, 고춧가루, 파 등을 먼저 넣는다.
- 외식할 때 소금(또는 소금 양념 등)을 넣지 않도록 요구하고 소금, 장류, 소스, 드레싱의 추가 사용을 줄인다.

자료 | 대한영양사협회

02 동맥경화증

동맥경화증動脈硬化症, Arteriosclerosis은 혈관에 지방프라그(Plague, 반점, 콜레스테롤, 중성지방)이 침착하여 동맥이 좁아지고 탄력성을 잃게 되며, 혈전이 생기는 현상이다. 일종의 노화현상으로서 정도의 차이는 있지만, 모든 노인에게서 볼 수 있다. 손상을 입은 동맥부위는 자가촉진과정Self-accelerating Process에 의해 더 많은 프라그가 쌓이게 된다. 즉 일단 프라그가 생기면 그 프라그가 또 다른 프라그의 형성을 촉진시켜 준다. 동맥류Aneurysm, 혈전증Thrombosis, 색전증Embolism, 심장마비Myocardial Infarction, 뇌졸중Stroke 등을 일으키게 된다.

원인으로는 지질대사이상, 호르몬대사이상, 유전적 소질, 식생활, 운동부족 등으로 알려져 있으며, 대동맥의 동맥류, 뇌혈관 뇌동맥경화증, 뇌출혈, 심장의 협심증, 신장의 신장경화증, 고혈압, 당뇨병 등이 동맥경화증의 직접적인 원인이 된다고 알려져 있으나 일반적으로 여러 원인이 서로 겹쳐서 발생되는 것으로 보고 있다. 동맥경화증이 발생하면 동맥이 좁아지므로, 혈액이 조직말단까지 충분히 도달하지 않아 조직이 괴사하기도 하며, 운동 시 통증, 무감각, 마비 등의 다양한 증상이 나타난다.

혈압측정, 요검사(尿檢査), 심전도, 안저검사(眼底檢査), 혈청지질(血淸脂質) · 콜레스테롤 · 중성지방의 측정 등을 종합하여 진단한다. 과로와 자극을 피하고 규칙적인 생활을 하며, 동물성지방의 섭취를 제한하고 비타민 · 단백질의 공급을 충분히 하면서 과식을 피하는 것이 동맥경화증을 예방하는 방법이다. 이미 동맥경화증이 상당부분 진전되었을 경우에는 혈청콜레스테롤을 감소시키는 약을 복용하는 것도 좋다.

1) 동맥경화증의 위험요소

동맥경화증은 대표적인 순환기질환이다. 동맥경화증은 동맥과 세동맥의 내벽과 중벽에 작고 노란 덩어리가 생겨서 동맥의 탄력성이 줄어들고 경화되는 질병이다. 유전적 요인과 위험요소는 고콜레스테롤혈증, 고혈압과 흡연이다. 그 외에 당뇨병, 고지혈증, 비만, 좌식생활, 운동부족, 심리적 스트레스와 식사요인들도 지적되고 있다. 혈중콜레스테롤의 농도는 동맥경화를 예측하는 척도로서 활용되며, 고혈압과 비만의 정도 또한 유익한 지표로 알려져 있다. 위험인자의 요인을 비교하면 표 11.1과 같다.

표 11.1 동맥경화증의 위험인자

불가피한 요인	성별 : 남자와 폐경 후 여자 나이 : 나이가 많을수록 위험 증가 가족력 : 유전적인 소인
조절할 수 있는 주요 요인	고 콜레스테롤 혈증, 고혈압, 당뇨병, 흡연
조절할 수 있는 2차적 요인	비만, 운동부족, 고 중성지방 혈증, 피임약 복용, 급한 성격

2) 동맥경화증의 식이요법

식생활과 가장 관련이 깊은 만성 퇴행성질환 중의 하나로, 비만으로 고혈압과 당뇨병 등이 발생되기 쉽다. 비만 시 정상체중을 유지하기 위해서 저열량 식이를 실시한다. 스트레스와 흡연, 낙천적 성격으로의 전환, 과로와 과음으로 인해 신장·간 등에 무리를 주지 말아야 한다. 콜레스테롤 및 동물성지방의 과다한 섭취를 지양하며, 균형 잡힌 식사를 하도록 한다. 영양과 동맥경화증과의 관계를 정리하면 표 11.2와 같다.

표 11.2 영양과 동맥경화증[2]

영양소		동맥경화증 유발	동맥경화증 예방	예방식이
지방	총지방	↑ 총지방섭취량	총에너지섭취량의 20% 정도	적절한 지방섭취
	콜레스테롤	↑ 콜레스테롤 섭취	↓ 콜레스테롤 섭취	↓ 동물성지방
	포화지방	↑ 포화지방 섭취	p : s 비율을 1-2 : 1로 섭취	↑ 식물성지방
	불포화지방	↓ 불포화지방 섭취		↓ 동물성지방
	ω-3 지방산	↓ 항동맥경화성 인자	↑ EPA, DHA 섭취	↑ 생선류 섭취
에너지		에너지과다 → 비만	적정체중 유지	과식을 피하고 균형 식사
식이섬유질		↓ 식이섬유질	↑ 식이섬유질	↑ 과일 채소류, 알곡류, 콩류 등

2 이일하·이현옥·노숙령·안숙자·이복희 공저, 『인체영양과 건강』, 중앙대학교출판부, 1997, p.82.

건강정보

바람직한 건강검진 등에 나타난 혈중 지질농도

혈중 총콜레스테롤 200mg/dL 이하, LDL-콜레스테롤 수치 130mg/dL 이하
HDH-콜레스테롤 수치, 중성지방 농도 170mg/dl 이하
* 혈중 총콜레스테롤 농도 200mg/dL를 넘으면 : 식이요법, 운동요법
* 혈중 총콜레스테롤 농도 240mg/dL를 넘으면 : 약물치료 권장

(1) 지방과 콜레스테롤

총지방섭취량이 많을수록 혈중콜레스테롤 농도가 높아져 동맥경화의 위험이 높다. 또한 포화지방산의 섭취가 많고 불포화지방산의 섭취가 적을수록 동맥경화의 위험이 높았으며, 특히 다중불포화지방산PUFA의 섭취가 많을수록 혈중콜레스테롤 수치는 낮았다. 따라서 다중불포화지방산(P) : 포화지방산의 비율(S) = 1-2 : 1로 섭취하도록 권장하고 있다.

콜레스테롤은 동물성식품에만 들어 있는 지방성분으로서 인체 내에서도 합성되는 중요한 물질이다. 그러나 너무 과다하면 혈액 내 콜레스테롤 수치가 높아져 혈관 내에 프라그 형성을 촉진시키는 주요인이 된다.

- 지단백의 종류와 역할(밀도와 크기에 따라)
- 킬로미크론 : 지질을 간으로 운반
- 초저밀도 지단백Very Low Density Lipoprotein : 간에서 방출되어 조직에 중성지방을 전달
- 저밀도 지단백Low Density Lipoprotein : 말초로 콜레스테롤을 운반
- 고밀도 지단백High Density Lipoprotein : 콜레스테롤은 조직에서 간으로

(2) 정제어유 캡슐

ω-3지방산은 항동맥경화성 인자로 부각되고 있다. 생선을 주로 섭취하여 EPA 섭취량이 높은 그린랜드 에스키모인들은 지방을 많이 섭취함에도 불구하고 심혈관계 질환으로 인한 사망률이 매우 낮으며, 특히 심근경색이나 뇌졸중의 발생률이 매우

낮다고 한다. 그리고 같은 불포화지방산이지만 들기름 등 일부 식물성유지와 생선류에 많은 ω-3지방산은 옥수수유, 참기름 등 식물성유지에 많은 ω-6지방산에 비하여 혈중지질 농도를 낮추는데 더욱 효과적이며, 혈액의 유동성을 높여 응혈을 막음으로써 혈전증을 예방할 수 있는 것으로 알려져 있다. 그러므로 심혈관계 질환을 예방하기 위해서는 생선을 적어도 주 2회 정도 섭취하도록 권장하고 있다.

어유Fish Oil 농축물인 정제어유 캡슐이 동맥경화증 및 심장병을 예방하는 건강보조식품으로 등장하게 되었다. 그러나 어유 캡슐을 다량복용 시 부작용이 발생될 수 있으므로 어유 캡슐 형태보다는 등푸른생선과 같은 자연식품을 통하여 ω-3계지방산을 섭취하는 것이 바람직하다.[3]

어유도 지질이므로 1g당 9㎉의 에너지를 내며, 다량의 콜레스테롤을 제공한다. 또한 불포화지방산이 많이 들어있으므로 체내에서 쉽게 산화되고, 그 결과 생성된 과산화물은 생체막과 혈관벽의 손상을 초래하여 오히려 노화를 촉진시킬 수도 있다. 과다한 어유 캡슐의 섭취로 체내의 ω-3계지방산 농도가 높아지면, ω-6계지방산과 경쟁하여 ω-6계지방산의 대사, 예를 들면 리놀레산으로부터 아라키돈산이 합성되는 과정 등을 방해할 수 있다. 아울러 어유를 과다섭취하면 지용성비타민의 섭취량이 증가할 가능성이 높고, 필요이상의 지용성비타민은 체내에 저장되어 독성을 유발할 수 있다.

 심장병

순환기질환 중 심장의 질환으로 관혈관(冠血管)이나 심장의 병이다. 심장병은 자각적으로는 무증세인 것에서부터 심부전(心不全)으로 호흡이 곤란해져서 일어나 앉지 않으면 호흡운동이 충분히 되지 않는 상태까지 있다. 증세로서는 호흡곤란 외에 심근경색이나 협심증 등의 관성심(冠性心) 질환에서는 발작성이 나타난다.

3 박태선 · 김은경, 『현대인의 생활영양』, 교문사, 2000, p.110.

1) 최대 심박동수

심장이 얼마나 건강한지는 2가지 체력검사만으로도 많은 것을 알 수 있다. 두 검사 모두 강한 운동에 심장이 어떻게 반응하느냐와 관련이 있다. 심장질환이나 혈관노화가 일으키는 위험뿐 아니라 모든 원인에서 오는 위험을 말하는 것이다.

스스로 체력을 검사할 수 있는 방법은 다음과 같다.

(1) 가능한 한 최대한의 강도로 3분 동안 운동한 뒤에 심박동수를 측정한다. 여러분 나이의 최대 심박동수의 80~90%에 얼마나 근접했는가?

최대 심박동수 = 220 - 달력 나이. 예를 들면, 40세인 경우 최대 심박동수는 분당 180회 정도인데, 여기서 90%는 162회, 80%는 144회이다. 가장 격렬하게 운동한 다음 바로 심박동수를 잰다. 그리고 모든 운동을 중단한 다음, 2분 후에 심박동수를 다시 측정한다. 만약에 최대 심박동수의 80% 이상에 도달하거나 운동중단 2분 후의 심박동수가 66회 이상 감소했다면, 실제 신체나이는 달력나이보다 적어도 5년은 더 젊다고 할 수 있다. 체력 향상을 위해 일주일에 60분 정도 더 움직이는 것이 좋다고 한다. 즉 60분 동안 최대 심박동수(220 - 나이)의 80% 이상이 되도록 운동을 하는 것이 좋다.

(2) 운동이 왜 중요할까?

여러 가지 이유가 있지만, 운동은 혈관과 관련이 있기 때문에 중요하다고 할 수 있다. 즉 어떠한 신체활동이든지 혈관노화에 가장 중요한 인자인 수축기와 이완기혈압을 낮춘다는 것이다. 단지 몇 분이라도 더 걷는 것이 나쁜 콜레스테롤을 낮추고, 좋은 콜레스테롤을 증가시키며 염증을 줄인다. 어느 근육이라도 주기적으로 최대한 힘을 쓰면 심장은 더 튼튼해진다. 운동은 혈관을 이완시키고 탄력적으로 만들어서 더 건강하게 한다.

많은 사람들의 체중증가와 지나치게 굵은 허리사이즈(남성은 40인치 이상, 여성은 35인치 이상)는 심장질환을 재촉한다. 체중은 고혈압이나 당뇨병, 고지혈증이 되기 쉽고, 수면무호흡이나 운동할 욕구마저 빼앗아가는 관절염을 일으킬 수 있으며, 과도한 살들이 허리 주변에만 있어도 위험한데, 복부에 있는 지방세포에서 호르몬을 분비하고 혈관에 염증을 증가시키는 호르몬을 분비하기 때문이다. 체중을 5%만 감소시켜도 심혈관뿐 아니라 전체건강도 매우 좋아질 수 있다. 또한 운동을 하면 노화의 주범인 스트레스도 줄어든다.

2) 혈액검사

해마다 정기적으로 혈액을 검사하면 심장 건강정보를 한눈에 확인할 수 있다. 레스테롤, 호모시스테인, C반응단백, 혈당 등을 알 수 있다.

(1) 콜레스테롤 수치

저밀도고지단백이 운반하는 저밀도콜레스테롤은 나쁜 콜레스테롤이다. 저밀도콜레스테롤은 쉽게 부서지며 홈이 파이거나 구멍이 생긴 동맥벽에 쌓인다. 총콜레스테롤 수치는 별로 중요하지 않다. 총콜레스테롤은 저밀도콜레스테롤과 고밀도콜레스테롤로 나뉘는데, 이 둘의 작용이 매우 다르기 때문이다.

저밀도콜레스테롤 수치가 높게 나타나는 것은 콜레스테롤, 단당류, 트랜스지방산, 포화지방산이 가득한 갈비나 지방분이 많은 빵과 같은 음식을 많이 먹기 때문이다. 저밀도콜레스테롤 수치가 높은 것은 부분적으로 유전적인 면도 있다. 운동을 하고, 10파운드의 체중을 감량하고, 흰 빵이나 흰 설탕, 흰색 파스타 등의 백색식품과 단당류를 피해야 한다. 포화지방산과 트랜스지방산 섭취를 하루 20g 이하로 제한하는 것도 저밀도콜레스테롤 수치를 낮추는데 필수적이다. 대부분 라벨에 칼로리가 적혀 있으므로 라벨을 꼼꼼히 읽고 선택해도 된다.

구운 돼지고기 안심 한 접시에 있는 4g의 포화지방산은 실제로 레스토랑의 스테이크보다도 적다. 레스토랑 스테이크에는 90% 이상의 포화 · 트랜스지방산이 함유되어 있으며 4~12일 정도 노화를 재촉한다. 구워먹을 경우, 포화지방산 섭취를 가능한 줄여야 한다는 주장을 들으면서도 돼지고기 안심 다섯 접시를 먹을 수 있다. 다 합쳐봐야 20g 이하 밖에 안 되기 때문이다. 그렇게만 해도 55세일 경우 저밀도 콜레스테롤 수치를 180㎎/dL에서 100으로 낮추면 3년 정도 더 젊게 살 수 있다.

포화지방산과 트랜스지방산 섭취를 하루 20g 이하로 제한할 경우 또 다른 장점도 있다. 동맥이 이완되고 몸에 더 많은 에너지를 전달할 수 있다. 포화지방산과 트랜스지방산이 많이 든 음식을 먹으면, 혈액속의 포화지방산과 트랜스지방산 수치가 그만큼 올라간다. 이어서 동맥벽의 중간근육질 층을 마비시킨다. 동맥근육이 제기능을 발휘하기를 원한다면, 스스로 감당해 낼만한 충분한 에너지가 있어야 한다. 혈관벽이 활력을 유지하려면 포화지방산과 트랜스지방산을 20g보다 적게 유지한다.

변화를 원한다면 몸에 좋은 것들, 예를 들면 고밀도콜레스테롤은 최소한 40 이상이어야 한다. 다음 몇 가지 방법을 꼭 지켜야 한다.

- 올리브오일이나 생선, 호두 등 몸에 좋은 지방을 섭취한다. 각각 하루에 한 스푼 또는 12개가 적당하다.
- 하루에 30분 정도 걷거나 그 밖의 신체활동을 한다.
- 나이아신을 복용한다.
- 밤마다 술을 적당량 마신다. 단, 술은 양쪽으로 날이 선 칼과 같다. 대체 어떻게 작용하는지는 알 수 없지만, 술이 염증을 줄여준다는 것이다. 하지만 술은 면역체계를 노화시킬 수 있다. 아마도 술이 면역에 관여하는 세포를 비활성화하기 때문일 것이다. 어떤 술이든 남자는 하루에 두 잔반, 여자는 한 잔반 이상을 마시면 위험한 지경으로 발을 내딛는 것과 같다.

(2) 호모시스테인 수치

호모시스테인은 단백질이 소화되는 과정에서 생기는 부산물이다. 동맥벽에 파인 홈을 만들고 염증을 일으킨다. 물리적으로 마치 동맥벽에 포격을 가하는 작은 유리조각과 같은 작용을 한다. 호모시스테인 수치가 높은 경우, 엽산을 복용하면 낮아진다. 호모시스테인 목표수치는 9mg/dL 이해야 한다.

(3) C반응단백 수치

고감도 C반응단백은 만성부비동염, 요로감염증, 잇몸염증 등 신체 내의 모든 염증

정도를 측정하는 것이다. 수치가 높아지면 심장질환 위험이 높아진다. 신체 내에서 일어나는 염증은 어떠한 것이든 혈관 내 염증으로 연결되기 때문이다.

WHI연구(2만8천 명의 여성연구)에 의하면, hs-CRP가 상승된 그룹이 가장 낮았던 그룹에 비해서 심혈관계 질환으로 사망하는 비율이 3.1배나 되었다. 항생제를 쓰거나 운동, 아스리핀, 이부프로펜 같은 비스테로이드성 소염진통제, 스타틴계 고지혈증 약 등으로 hs-CRP를 감소시키는 방법이 있다.

(4) 혈당 수치

혈당은 100㎎ 이하로 유지해야 한다. 당뇨병에 걸렸을 때 혈당이 너무 높으면 동맥혈관의 부드러움과 수축에 관여하는 포스포키나아제Phosphokinase, 세포 내 대사를 담당하는 효소의 하나를 꼼짝 못하게 하여 동맥에 상처를 입힌다. 포스포키나아제가 없으면 동맥벽에 구멍이나 틈이 생길 위험도가 아주 높다. 그러므로 당뇨병이 없다하더라도 단당류나 포화지방산과 트랜스지방산이 많이 함유된 젤리나 도넛같은 음식은 되도록 피하는 것이 좋다.

3) 심혈관에 좋은 음식

(1) 견과류

하루에 한 줌 정도의 견과류를 먹는다. 견과류는 몸에 이로운 지방과 단백질의 원천이며 플라보니이드(세 개의 페놀고리를 가지고 있는 물질의 총칭)와 항산화제(세포 내에서 발생하는 활성산소를 중화하는 물질) 성분도 많이 함유하고 있다. 여러 연구에서 하루 1온스의 견과류가 심장질환을 20~60%까지 낮춘다고 보고하고 있다. 최고의 견과류는 오메가3지방산이 많이 함유된 호두, 그리고 땅콩, 잣 등도 건강에 좋다.

(2) 몸의 지질성분

올리브유는 몸에 이로운 고밀도콜레스테롤을 상승시켜주는 단일불포화지방산을 함유하고 있다. 단일불포화지방산은 혈관을 돌면서 혈관벽을 청소해 준다. 고밀도콜레스테롤은 높으면 높을수록 좋다. 55세 여성의 경우, 고밀도콜레스테롤 수치가 60정도가 되면 평균 4년이 더 젊어진다. 그러므로 매일 섭취하는 칼로리에서 좋은 지방의 비율을 25% 정도로 해야 한다. 채소나 플라보노이드 역시 고밀도콜레스테롤을 상승시켜 준다.

(3) 생선

일주일에 3번은 식사 때 생선을 먹어야 한다. 지방질이 많은 연어나 흰 살생선인 대구, 농어에는 오메가3지방산이 많다. 오메가3지방산은 중성지방 수치를 낮추고(고농도 중성지방은 동맥혈관에서 죽상판 형성을 유발한다) 심장박동을 안정시킨다. 또한 혈소판이 뭉치는 것을 줄여주며 혈압을 낮춰준다. 생선이나 생선기름을 좋아하지 않는다면 대신 동일한 효과가 있는 에키음유Echium Oil, 서양지치기름를 먹어도 괜찮다. 연구결과에 따르면, 일주일에 한 번 생선을 먹으면 심장발작 위험을 반으로 줄일 수 있다고 한다. 최고의 생선은 자연산 연어인데, 통조림으로 나온 대부분의 연어는 자연산이다. 그 다음에 메기, 가자미, 흰살생선 등이 있다.

(4) 플라보노이드

하루 31mg 정도를 섭취한다. 플라보노이드는 견과류, 녹차 같은 차 종류, 적색 포도주, 포도, 크랜베리, 100% 오렌지주스, 양파, 토마토, 토마토주스 등의 일부 식용식물에 함유되어 있는 강력한 항산화제이자 항염증물질이다. 권장량을 섭취하기 위해서는 크랜베리주스는 두 잔반 정도, 차는 더 많이 마셔야 한다.

4) 심장병에 필요한 약 지속적 복용

(1) 아스피린

정기적으로 아스피린을 복용하면 심장발작 발생률을 44%나 줄인다고 보고했다. 아스피린은 혈소판이 뭉치는 것을 막아주고 동맥에 염증이 생길 가능성을 줄여준다.

물론 위 점막에 산으로 작용해서 위벽을 자극하고 위 보호막을 손상시킬 수 있다는 부정적인 면도 있다. 혈액응고를 억제하는 아스피린의 특성이 위궤양 환자에게는 출혈을 더 일으킬 수 있다. 하지만 이러한 부작용 정도는 아스피린을 복용하고 따뜻한 물을 반 잔 정도만 마시면 충분히 줄일 수 있다. 하루에 아스피린 반알(162㎎) 정도를 평생 복용하는 것도 생각해 볼만하다. 아스피린을 복용하여 효과를 보고자 한다면 최소 3년 이상 꾸준히 복용해야 한다. 하루에 한 번 아스피린을 복용하면 55세 기준으로 봤을 때 평균 2~3년을 더 젊게 살게 해준다.

(2) 종합비타민제

심장에 좋은 미세영양소의 샘이라고 할 수 있다. 마그네슘은 심장 리듬을 안정적으로 유지해 준다. 칼슘은 혈압을 낮춰주고, 비타민 D는 칼슘흡수를 도와주고, 혈관 염증도 줄여준다. 이 모든 영양소는 각각 따로 쓰는 것보다 같이 쓰면 더 강력한 효과를 볼 수 있다. 단, 스타틴 계열의 고지혈증약을 복용하고 있다면 비타민 C나 E 복용량을 100㎎ 하루 두 번과 100IU 하루 한 번 정도로 줄여야 한다. 비타민 C와 E는 스타틴 계열약의 콜레스테롤에 대한 효과에는 영향이 없이 항염증작용을 억제할 뿐이다. 그럼에도 불구하고 스타틴의 항염증 효과는 40% 이상 유지된다. 칼륨은 동맥혈관을 건강하게 해준다. 칼륨은 주로 음식물에서 섭취하는데, 하루에 과일은 4개 정도 먹으면 좋다. 특히 좋은 과일은 바나나, 아보카도, 멜론 등이다. 단, 비타민 A를 2,5000IU 이상 섭취하는 것은 좋지 않다.(최소량은 1,500IU) 비타민제를 적절하게 복용한다면, 여러분의 실제 신체나이는 6살 정도 더 젊어질 수 있다.

(3) 엽산

비타민 B는 여러 면에서 건강에 필수적인 영양소이다. 특히 심장에서는 매우 중요한 역할을 한다. 하루 800㎎ 복용하면 호모시스테인을 정상수치로 낮추고, 호모시스테인 수치가 26㎎/dL인 사람은 6년이나 더 젊게 만들어 준다. 식품을 섭취해서 몸에 필요한 엽산을 모두 공급받기는 어렵다. 그러므로 충분히 섭취하기 위해서는 비타민 B_6, B_{12}를 복용해야 한다.

건강정보

올리브유와 심장병4

올리브가 생산되는 지중해연안 나라의 사람들이 심장 순환계통의 질병으로 사망하는 확률이 북유럽, 미국, 아시아 등 다른 국가에 비해 현저히 낮다고 한다. 그리스 크레타섬 사람들은 세계에서 가장 많은 지방을 섭취한다. 그들은 칼로리의 45%를 지방으로 섭취하는데, 섭취 칼로리의 33%가 올리브에서 나온 지방이다. 그렇게 많은 지방을 먹는 크레타섬 사람들은 심장병이 많고 수명도 짧아야 할 것이다. 그러나 정반대이다. 크레타섬은 심장병과 암 사망률이 세계에서 가장 낮은 곳 중의 하나이다. 이 섬의 '장수인자(Longevity Factor)'를 찾아나섰던 과학자들은 올리브기름에 주목하게 되었다. 크레타섬에서 올리브기름이 포도주처럼 소비하며, 그것을 한 사람당 소비량으로 계산해보면 다른 어느 나라보다도 많다. 그 뒤를 이탈리아, 그리스, 그 밖의 지중해지역 나라들이 잇는다.

과연 올리브기름은 어떤 작용을 하는가? 올리브기름에는 단순불포화지방 분자가 지배적인데, 이 단순불포화지방은 식물성기름보다도 성인병예방에 효과적이다. 올리브기름은 혈중콜레스테롤 수치를 낮추기는 하지만, 식물성기름과는 달리 HDL 콜레스테롤 수치를 낮추지는 않는다. 올리브기름을 먹으면 유해한 LDL 콜레스테롤과 유익한 HDL 콜레스테롤의 비율이 개선된다. '유익한 콜레스테롤'이 심장병을 물리치는 것이다.

콜레스테롤은 지방질로 혈액의 흐름에 따라 떠다니기 때문에, 지단백에 실려서 필요한 곳으로 운반된다. 지단백에는 고밀도 지단백(HDL)과 저밀도 지단백(LDL)이 있다. 유익한 콜레스테롤인 HDL은 혈관벽에 붙은 콜레스테롤을 제거·청소하는 역할을 함으로써 죽상동맥경화증 등 심혈관질환이 발생할 수 있는 위험성을 줄여준다. 반면, 해로운 콜레스테롤인 LDL은 콜레스테롤을 쉽게 산화시키고 혈관벽에도 쉽게 들러붙게 만들어 죽상동맥경화증을 일으키는 원인이 된다. 또한 올리브유에는 단순불포화지방산뿐만 아니라 리놀렌산, 비타민, 스쿠알렌 등이 있어 혈중콜레스테롤을 13%까지 낮춰준다. 이렇게 마이너스 콜레스테롤 역할을 톡톡히 하므로 유방암, 당뇨병, 고혈압 등 성인병 예방에 최고인 셈이다.

올리브유에는 비타민 A, C, D, E, F 등과 노화방지 효소가 40여 가지 이상 들어있어 여성의 노화방지와 골다공증 예방에도 탁월한 효과가 있다. 중년여성에게 많이 생기는 골다공증은 뼈의 석회질인 광물질이 제거되면서 일어나는 심각한 질병인데, 올리브유는 칼슘이 빠져나가 뼈의 밀도가 약해지는 것을 예방해 준다.

4 한영실, 『음식상식 백가지』, 현암사, 2004, pp.204~205.

Health & Well-being
Management of Dietary Life

암

CHAPTER 12

암의 발생

암은 세포가 조절능력을 상실하여 비정상적으로 과다하게 세포분열이 일어나 조직이 증식되면서 정상적인 세포가 암세포로 변형되어 악성종양을 형성하는 것을 말한다. 즉 정상세포의 유전인자에 변화가 생겨 일어나는 것이다. 이러한 변화는 ① 변형된 유전인자가 그대로 유전되어 일어나거나, ② 화학적 발암물질, 바이러스, 방사선에 노출되어 유전인자에 돌연변이가 일어나 발생될 수도 있고, ③ 식이인자를 비롯한 장기간의 생활습관 및 환경요인, 스트레스 등에 의하여 일어나기도 한다. 그러나 이보다 더 중요한 것은 ④ 인체의 면역능력이다.(8. 생활습관병과 면역력 참조)

암의 정체

식생활이 암에 지대한 영향을 미치는 암을 정복하기 위해서는 인간의 몸에 침투하고 결국 생명까지 위협하는 암세포의 특성에 대한 전체적인 윤곽과 개요를 이해해야 하고, 암세포를 인간의 몸에 고착화시키는 원인이 무엇인지를 발견해야 한다. 그리고 더 나아가 암세포와 싸우기 위해 약점을 명확히 인식해야 한다. 암을 알고 나면 우리는 암이 얼마나 위험하고 무서운 적인지 알 수가 있다.

1) 모든 문제의 근원은 세포에서부터 시작

세포는 가장 단순한 조직의 박테리아로부터 60조개의 세포로 구성된 인간까지 지구상에 존재하는 모든 생명체의 가장 기본적인 단위이다. 10~100 사이의 마이크론(1/1,000㎜) 크기의 세포는 자연의 완벽한 교과서 중의 하나이다. 또한 세포의 구조는 매우 복잡하지만, 수많은 과학자들이 일생을 바칠 만큼 매혹적이고 완벽하다. 세포의 비밀이 아직 완전히 밝혀지지는 않았지만, 우리는 적어도 세포의 기능에 문제가 생길 때 암을 유발할 수 있다는 사실 정도는 알고 있다.

암과 관련하여 중요한 역할을 하는 '세포의 4가지 구성요소'들을 살펴본다.

(1) 세포핵

세포핵은 모든 정보가 저장되는 곳으로 유전자라고도 불린다. 세포는 2만5천여 개의 규칙 또는 유전법칙을 포함하고, 이것들을 A, T, C, G의 4가지 글자로 기록되어서 DNA에 퍼져있다. 유전법칙은 세포가 효과적인 기능을 수행하기 위해 필수적인 단백질을 어떻게 생성시키는지 보여주고, 환경의 변화가 생길 때 어떻게 반응하는지를 알려준다. 예를 들어, 당분이 부족하다는 위급신호가 발생하면 세포핵은 유전법칙에 의해 당분운송이라는 특명을 띤 단백질을 생성할 수 있는 권한을 인식하거나 또는 재정함으로써 위기를 해소한다. 이런 법칙들이 잘못 인식할 때 형성되는 단백질은 역할을 제대로 수행할 수 없게 되고, 암 발병까지 초래할 수도 있다.

(2) 단백질

단백질은 세포의 생존을 유지하는 필수적인 역할을 한다. 즉 대동맥을 통해 영양소의 수송을 담당하고, 외부환경의 변화를 각각의 세포들에게 알려주기 위해 밖에서 들어오는 정보들을 전달하는 역할을 한다. 단백질은 불필요한 물질을 세포에 꼭 필요한 요소로 변환시키는 역할을 수행한다. 또한 몇몇 효소는 다른 단백진의 기능을 섬세하게 변화시킴으로써 어떤 환경의 변화에도 빠르게 적응하도록 만든다. 따라서 이런 효소의 생성과정을 지배하는 규칙이 유전법칙에 기반을 두고 있다는 것은 매우 당연하면서도 중요한 사실이다. 잘못된 법칙제정은 기본적인 역할도 수행하지 못할 뿐만 아니라, 세포의 균형과 조화를 무너뜨리는 단백질을 생성할 수 있기 때문이다. 무엇보다도 단백질생산, 특히 효소생산에서 실수는 암을 야기한다.

(3) 미토콘드리아

미토콘드리아는 음식에서 얻는 탄수화물, 단백질, 지질 등의 에너지를 세포에너지 ATP로 변환시키는 곳이다. 산소는 이때 연료로 이용된다. 그러나 이런 에너지 변화과정에서 불필요한 부산물이 발생하는데, 이 부산물들은 유전법칙의 오작동을 일으켜서 종양의 형성을 불러올 수도 있다.

(4) 세포막

세포를 둘러싼 구조물은 지질과 몇몇 단백질, 그리고 한 장소에서 모든 세포의 행동들을 통제하도록 설계된 벽으로 구성되어 있다. 세포막은 세포의 내부와 외부를 구분하는 벽으로서 매우 중요한 역할을 한다. 이것은 세포 내로 들어갈 수 있는 물질들을 선별하는 일종의 여과장치이다. 세포막은 리셉터Receptor라 불리는 몇몇 단백질들도 포함하는데, 이런 리셉터들은 혈액의 흐름에서 나타나는 화학신호를 탐지하고 그 신호에 의해 나타나는 내용들을 세포로 전송하는 역할을 한다. 세포는 세포막 덕분에 외부환경의 변화에 적절히 대응할 수 있는 것이다.

2) 암의 공격

세포의 변이가 반드시 조직에서의 암 발병을 의미하지는 않는다. 암세포의 성장은 징후가 나타나기 전 수년 또는 수십 년 동안 눈에 띄지 않고 조용하게 퍼질 수 있는 잠정적인 것처럼 보인다. 암 발병 속도에서 이런 '느림'은 종양이 퍼지는 오랜 기간 중 어느 때라도 그것을 막을 수 있고, 때에 따라 암세포로의 변이 또한 막을 수 있기 때문에 매우 중요하다. 각각의 암에 대한 대처방법은 모두 다르지만, 모든 종류의 암들은 초기, 중기, 말기의 3가지 주요단계에서 같은 발병과정을 지닌다.

(1) 초기

암 발병의 1단계로 발암물질에 노출된 세포들은 DNA세포에 치명적인 손상을 입히고 세포변이를 가져온다. 자외선과 몇몇 바이러스, 담배연기 또는 음식에 포함된 발암물질들은 모두 이런 손상을 일으킬 수 있고, 결국 암을 유발할 수 있다. 그러나 이 단계에서 초기세포들이 암이라 지칭될 만큼 충분히 활성화되는 것은 아니다. 그들은 단지 잠재적으로 종양을 형성할 수 있을 뿐이다. 그런데 음식에 포함되어 있는 어떤 요소들은 잠복해 있는 이런 잠재적 종양을 더 이상 퍼지지 않도록 막을 뿐만 아니라 결국 암 발병을 예방한다.

(2) 중기

중기에서 초기단계의 세포들은 주어진 두 가지 세포행동 법칙을 무시하고 세포의 변이에 결정적인 발단을 제공한다. 여기서 진행 중인 암을 조사하기 위한 최선의 방법은 세포가 이런 법칙들을 우회하도록 만드는 요인들을 밝혀보는 것이다.

첫 번째 법칙에 따르면, 일반적으로 암세포는 외부의 도움 없이 자동으로 세포가 성장할 수 있도록 많은 단백질을 생산한다. 암세포로 변이되는 길목에 놓여있는 세포는 두 번째 법칙을 적용해서 스스로 단백질을 제거해야 한다. 두 경우, 모두 단백질 기능에서의 변화를 일으키는 세포변이 때문에 세포는 죽지 않도록 변화되고, 또한 이 세포들이 통제할 수 없도록 증가된다. 그러나 종양세포의 성장은 필요한 조건이 충족될 때만 이루어지는데, 이 조건이 매우 까다로워 길게는 40년까지 걸릴 정도로 장기간 지속될 수 있다. 세포행동의 두 가지 법칙에서 세포반항을 촉진하는 요인들은 아직 명확히 밝혀지지 않고 있지만, 호르몬이 결정적인 단계에서 중요한 성장촉진제 역할을 하는 것은 확실하다. 그럼에도 불구하고 우리는 이 단계에서 암 예방 가능성이 가장 크다고 생각한다. 그 이유는 이 단계에 포함된 수많은 요인들이 대부분 개개인의 생활방식에 따라 통제될 수 있기 때문이다.

전래되는 식생활의 많은 요소들이 미리 종양을 억제함으로써 암 예방에 긍정적인 영향을 미친다는 사실은 의심의 여지가 없다. 초기, 중기단계에 따라 지속적으로 발생하는 변이된 세포들은 극도로 위험한 역할을 하기 때문에 이런 식생활에 의한 예방법은 매우 중요하다.

(3) 세포들의 자발적 죽음

세포는 손상되거나 더 이상 제역할을 할 수 없는 세포들의 작동을 중지시키기 위해 굉장히 구체적이고 엄격한 프로그램을 필요로 한다. 아포토시스Apoptosis(그리스어의 Falling off 뜻을 가진 Apooff와 Ptosisfalling의 합성어)이다. 세포의 능동적이고 자발적인 자연사, 또는 프로그램된 세포의 죽음을 뜻함)는 조직을 자극하는 반응이나 주변세포에 손상을 입히는 사고 없이 깨끗한 방법으로 변이세포를 파괴하는 것을 허락한다. 이것은 수많은 생리적 과정의 한 부분으로서 필수적인 현상이다.

(4) 말기

말기단계에서는 변이된 세포가 독립적으로 활동할 뿐만 아니라, 점점 더 해로운 특성을 가지게 되고 특정조직에 집중적으로 침투하기 시작한다. 이 단계까지 이른 모든 종양은 말기암의 신호로 고려될 수 있는 6가지 특성을 가진다. 말기암의 6가지 특성은 다음과 같다.

- 통제 불가능한 암세포 성장 : 암세포가 어떤 신호 없이 스스로를 재생산한다.
- 주변조직의 손상을 인식하는 세포들의 성장을 억제한다.
- 아포토시스에 따른 개별적인 죽음을 거부하고 세포의 구조적 보호장치를 무시하고 행동한다.
- 새로운 혈관생성(혈관신생) : 종양세포 성장을 위해 필요한 산소와 영양소를 제공한다.
- 영원성 : 이런 모든 특징들은 암세포의 무한한 재생산을 가능하게 한다.
- 유기적 조직체에 침투하고 정착하는 능력 : 처음에는 특정조직에 집중적으로 침투하고, 점점 주변으로 전이세포를 증가시킨다.

종양의 발현은 순간적으로 일어나는 현상이 아니다. 그것은 세포가 발암물질과 접촉할 때로부터 몇 년에 걸쳐 발생하는 오랜 과정의 결과이다. 이 오랜 과정(잠복과정)에서 가장 중요한 점은 수년 동안, 또는 수십 년 동안 암세포는 노출되어 있고 약점이 많다는 것이다. 이런 공격당하기 쉬운 암세포의 성질을 이용해 몇몇 단계에서 종양이 증가하는 것을 방해할 수 있고, 결국 암을 예방할 수 있다. 이것은 암으로 인한 사망률을 줄이기 위한 어떤 전략 중에서도 가장 중요한 점이다.

 암과 식생활관리

우리는 지금 모든 암의 30% 정도가 식생활과 직접적으로 연관되어 있다고 평가한다. 특히 위장계통(식도, 위, 결장)의 암들 중 90%는 식습관과 밀접한 관계가 있다고 밝혀진 바 있다. 과연 식습관이 무엇이기에 암 발병에 그렇게 어마어마한 영향을 미치는가? 최근의 역학연구는 과일과 채소의 섭취량이 암 발병률과 밀접한 관계가 있다는 것을 입증한다.(표 12.3 참조)

연구결과는 과일과 채소의 섭취량에 따라 암 발병을 최고 80%까지 줄일 수 있다는 놀라운 사실을 보여준다. 이러한 효과는 소화기관과 연관된 암에서 특히 눈에 띈다. 일반적으로 최소한의 과일과 채소만을 섭취한 사람들이 이것을 훨씬 더 많이 섭취하는 사람들보다 특정 암에서 2배 이상 높은 발병률을 보였다.

건강 유지를 위한 균형 있는 식습관 실천의 한 부분으로, 미국식품의약청FDA의 일일 식단표Food Guide Pyramid에는 '매일 과일과 채소를 5번씩 섭취하라'는 내용을 담고 있다.

표 12.1 과일, 채소와 암 발병 사이 관계역학(Epidemiological) 연구

위험을 줄일 수 있는 음식	연구결과	표본숫자	위험감소 가능성(%)
일반적인 채소	59	74	80
일반적인 과일	36	56	64
천연채소	40	46	87
십자형꽃부리 채소(브로콜리, 양배추 등)	38	55	69
백합과파속 채소(마늘, 양파, 파 등)	27	35	77
초록색 채소	68	88	77
당근	59	73	81
토마토	36	51	71
감귤류(레몬, 오렌지 등)	27	41	66

일상적인 식생활이 암, 특히 소화기 암 발병의 중요한 원인[1] 일 것이라는 의심은 오래전부터 제기되었다. 그러나 식생활은 여러 가지 다양한 요소가 복잡하게 얽혀 있

1 대한암협회, 한국영양학회 지음, 『항암식탁 프로젝트』, 비타북스, 2009, pp.7~9.

는 일종의 문화적 내용이어서 연구수행이 쉽지 않고 또한 일관성 있는 연구 성적, 즉 인과관계를 얻기가 힘들다. 더구나 식생활 내용이 시대에 따라 지역에 따라 또는 인종에 따라 혹은 종교에 따라 큰 차이가 있어 우리나라 국민에게 유용한 연구결과는 우리들 스스로가 밝혀야 한다. 선진국에서 실행된 연구결과를 우리나라 국민에게 그대로 적용할 수 없다. 이런 필요성에 따라 우리나라에서 암과 식이요인과의 관련성에 대한 연구는 1990년대 이후에야 활성화되었다.

1981년 미국국립암연구소학술지JNCI에는 식이요인과 암 발병과의 연관성에 관한 'Doll and Peto'의 유명한 논문이 게재되었는데, 식생활 개선으로 암 발병을 예방할 수 있는 '예방 가능 백분율'이 암 부위별로 제시되었다. 예를 들어, 위암과 결장암은 90%가 예방 가능하고 유방암, 췌장암, 담도암 그리고 자궁체부암 등은 50%, 폐암, 후두암, 방광암, 자궁경부암, 구강암, 인두암 등은 20%가 식생활 개선으로 예방할 수 있다는 내용 등이었다. 전체 암에 대해는 약 1/3 정도라고 제시하였는데, 그 이후로 '암 발병의 원인 중 1/3은 식생활 요인이다'라는 내용이 일종의 정설처럼 받아지게 되었다. 그러나 우리나라 사람 남 · 여 모두에게는 1/3보다 훨씬 높은 41%로 산출된다. 이는 우리나라 사람에게는 암 발병 원인으로 식생활 요인의 비중이 상대적으로 높다는 것을 나타내며, 나아가 암 예방을 위한 식생활지침의 효용성도 다른 나라보다 매우 높을 것이라는 점을 예시하고 있다.

대한암협회는 대국민 항암사업을 수행하고자 1966년에 설립한 비영리 자원봉사 공익 민간단체이다. 대국민 항암사업의 하나로 암 예방을 위한 식생활지침을 개발하는 연구사업으로 한국인이 많이 먹는 음식을 대상으로 암과의 관련성에 대한 과학적인 근거를 평가하고, 이를 바탕으로 암 예방 식사지침을 마련했다.(표 12.1 참조)

1) 주식류

잡곡에 함유된 섬유소가 암을 예방한다는 연구결과가 없더라도, 심장병과 당뇨병 등 심혈관계 질환 위험을 떨어뜨린다는 것만으로도 충분히 섭취하는 것이 좋다. 쌀밥의 암 위험도 상승 가능성을 고려하여 백미보다는 잡곡밥을 섭취하는 것이 바람직하다. 잡곡밥 한 공기(60g)에 들어있는 식이섬유소는 약 2.7g이다. 반면, 쌀밥 한 공기에 들어있는 식이섬유소는 약 0.86g이므로 쌀밥 대신 잡곡밥을 먹으면 섬유소를 3배 더 섭취할 수 있다.

콩류의 섭취로 유방암 및 전립선암의 위험도가 감소될 가능성이 있으므로 콩밥을 섭취하는 것을 권고한다. 현미콩밥을 섭취하면 콩에서 이소플라본과 검은색소인 안토시아닌 등의 생리적인 효능을 기대할 수 있으며, 쌀겨를 포함한 현미의 암 예방효과도 기대할 수 있다. 따라서 현미를 사용한 콩밥은 한국인에게 좋은 암 예방 주식이 될 수 있다.

콩의 이소플라본은 하루 25.3㎎ 정도 섭취해야 암 예방효과가 나타나는데, 이는 검은콩 90g에 해당된다. 즉 매끼 당 검은콩 30g 정도를 섞어먹으면 필요한 양의 이소플라본을 충분히 섭취할 수 있다. 또는 두부, 된장 등 콩식품을 섞어서 필요한 양을 섭취해도 된다.

식빵, 피자의 섭취 시 버터와 트랜스지방산이 함유된 마가린을 통해 동물성지방 및 포화지방산의 섭취량이 높아질 수 있다. 동물성지방은 유방암 위험도를 높인다. 버터와 트랜스지방산이 함유된 마가린을 통해 대장암, 전립선암의 위험도를 약간 증가시킨다. 피자는 토핑의 종류에 따라 가공육류 섭취량이 높아질 수 있다. 가공 육류는 대장 · 직장암의 위험도를 약간 증가시킨다. 피자섭취 시 토마토소스 및 라이코펜 섭취량은 전립선암의 위험도를 낮춘다.

덜 정제된 곡류로 만들어진 빵을 먹고, 버터마가린 등 동물성지방의 섭취를 줄이고, 트랜스지방산, 가공육류의 섭취를 피하는 것이 권장할 만한 가이드이다. 라면, 자장면, 국수로 인한 나트륨 섭취량은 비후두암, 위암의 위험도를 증가시킨다. 자장면 재료의 종류에 따라 육류섭취량이 높아질 수 있다. 육류 및 붉은육류는 대장 · 직장암의 위험도를 높인다. 자장면 섭취 시 동물성지방 및 포화지방산의 섭취량이 높아질 수 있다. 동물성지방은 유방암 발병 위험도를 약간 증가시킨다.

하루 나트륨섭취 권장량(6g) 이하가 되도록 국물을 적게 먹어야 한다.

표 12.2 우리나라 음식별 주요 식이인자 및 영양소

음식군	음식명	식이인자 / 영양소
주식류	쌀밥 잡곡밥 콩밥 식빵, 피자 라면, 자장면, 국수	열량, 당질 곡물섬유소, 당질 이소플라본, 사포닌, 피토에스트로겐 트랜스지방산, 지방 포화지방산, 나트륨, 지방
국, 찌개류, 찜류	된장국, 된장찌개 콩나물국, 콩나물무침 미역국 순두부찌개, 두부조림 달걀	이소플라본, 키토올리고당 식물성단백질, 비타민 C 요오드, 알긴산, 푸코이단 카라기닌, 푸코스테롤 이소플라본, 철분 단백질, 동물성지방
구이, 조림류	김구이 삼겹살구이 조기구이, 고등어구이 고등어조림, 참치통조림 어유(Fish Oil) 장조림	요오드, 타우린 동물성지방 오메가 3계열 불포화지방산 (EPA, DHA) 동물성지방
숙채, 무침, 김치류	시금치나물 무생채 김칫국, 김치찌개, 배추김치	비타민 A, 베타카로틴, 엽산 이소티오시아네이트 유산균, 비티민 A, 비다민 C
유제품	우유 요구르트	칼슘, 공액리놀레산, 지방 유산균, 칼슘, 공액리놀레산, 지방
음료, 주류	커피 탄산음료 녹차 맥주, 소주, 포도주	클로로겐산, 카페인, 플라보노이드, 타닌산 설탕 카테킨, 에피칼로카테킨(EGCG) 알코올, 레스버라트롤
과일류, 채소류	귤 감 사과 포도 토마토 과일, 채소 녹황색 채소 마늘	비타민 C, A 비타민 C, 타닌산 섬유소(펙틴) 비타민 C, 폴리페놀, 플라보노이드 플라보노이드(Anthocyan, Resveratrot) 라이코펜, 루틴, 베타카로틴 비타민류 엽록소, 비타민 A, C, E 알리신
견과류	견과	비타민 E

2) 부식류

국, 찌개의 재료로 많이 쓰이는 된장은 가열했을 때도 된장의 생리활성물질을 거의 가지고 있으므로, 된장국, 된장찌개는 암 예방에 상당한 효과가 있다. 특히 된장찌개를 만들 때 다양한 종류의 채소를 가미하여 조리할 것을 권장한다. 그러나 과다섭취는 염분섭취량이 높아지고 위암의 위험도 역시 우려되므로 발효된장 섭취를 하루 된장 4큰술 이하를 섭취하는 것이 바람직하다.

콩나물은 숙취에 효과가 있다는 '아스파라진' 덕분에 술을 자주 먹는 사람들에게 콩나물은 인기 있는 음식이다. 해장에 좋다고 암에도 좋을까? 자체의 암 예방효과를 증명하기에는 증거가 불충분하다. 그러나 콩나물에 함유된 비타민 C는 암 발생 위험을 낮출 수 있는 가능성은 있다고 본다.

미역국 자체와 암과의 관련성을 보여주는 직접적인 증거는 불충분하다. 그러나 미역에 함유된 여러 생리활성 성분들은 암 발생을 낮추는 가능성이 있다. 미역국의 섭취는 대장암 및 유방암 등의 암 예방효과가 있으므로 권장할 수 있다. 또한 미역국은 저열량식품이므로 열량감소 효과를 기대할 수 있다. 그러나 한국인들의 요오드 섭취는 매우 높기 때문에, 미역국을 상시 섭취하는 것은 바람직하지 않다.

시금치에 함유된 엽산은 대장암과 유방암 예방에 충분히 효과가 있는 것으로 판정된다. 생리활성물질 중 하나인 카로티노이드가 암세포성장을 저해하는 것으로 나타났지만, 녹황색채소에 대한 연구결과들이 일정하지 않아 미약한 관련성이 있다. 시금치를 오래 삶거나 끓일 경우 베타카로틴이 삶은 물로 유출되고, 비타민 C와 엽산이 파괴되기 때문에 신선한 샐러드 등 생으로 먹는 것이 좋다. 또한 베타카로틴은 기름과 같이 섭취하면 흡수율이 증가되므로, 올리브유에 살짝 볶아먹는 것도 영양소 흡수면에서 효과적이다. 하루에 시금치 한 컵을 섭취하는 것이 좋다. 특히 하루 알코올섭취가 15g 이상인 사람은 시금치를 먹는 것이 암 예방에 더 도움이 된다.

무 줄기와 뿌리 추출물은 폐암세포에 암 예방효과를 가진다. 그러나 무생채 자체와 암과의 관련성을 보여주는 직접적인 증거는 없으나 십자화과 채소인 무의 효능이 암 발생 위험을 낮추는 실험결과를 통해 암 발생 위험을 낮출 가능성은 있다고 본다.

녹황색채소에 함유된 생리활성물질과 암 발생과의 직접적인 연관성을 제시한 실험연구는 불충분하다. 클로로필은 암 예방효과를 나타내지만, 다량섭취 시 독성[2]을 나타낼 수 있다.

마늘의 섭취는 암의 발생을 억제한다. 암보다 강하다고도 한다. 마늘 보충제보다는 식이로 섭취하는 것이 더 효과적이다. 마늘을 익히면 효과가 적다. 삼계탕의 마늘도 끓이는 과정에서 마늘 속의 효소가 다 죽어버려 효과가 적다. 생마늘 섭취가 가장 좋으나 냄새가 강하고 위장에 자극을 줄 수 있으므로, 마늘을 다져서 요리하거나 마늘장아찌로 먹는 것이 효과적이다.

두부조림 자체와 암과의 관련성을 보여주는 직접적인 증거는 없다. 그러나 두부 자체는 암 발생 위험을 약간 낮춘다. 두부는 유방암 및 폐암의 위험도를 감소시킨다. 주당 4~5회 순두부찌개, 두부조림을 먹는 것이 좋다. 단, 조리 시 염분이 지나치게 들어가지 않도록 주의한다.

김치는 십자화과 채소 및 양념 등의 재료와 발효산물, 유산균 등이 생성된다. 재료 선택과 제조방법에 따라 다소 차이는 있지만, 암을 예방하는 효과가 기대된다. 역학 연구결과 김치를 많이 섭취할 경우, 위암이나 대장암 발생위험이 증가한다[3]고 보고되었지만 연구결과 부족으로 증거가 불충분하다. 김치 내의 소금함량이 적당한(2%) 경우, 발효 중 생성되는 생리활성 물질과 유산균 등은 정장작용 및 대장암 예방 등 암 예방에 효과가 있다. 소금농도의 고농도(7~8%)의 김치는 암 발생 위험을 높일 수 있으므로 과잉섭취는 하지 말고 염분섭취에 주의해야 한다.

달걀은 암의 발병과 충분한 관련성이 있다. 달걀은 단백질과 지방의 주요 공급원이지만, 고지방 식이는 암 위험을 높일 수 있으므로 과다섭취는 피하는 것이 좋다. 특히 한국인의 동물성지방섭취 비중이 증가하면서 대장암 발생도 증가하고 있는 현실을 고려할 때 달걀의 높은 섭취는 대장암의 발생을 높일 수 있으므로 주 2~3개 이하로 섭취할 것을 권장한다.

2 대한암협회, 항암식탁 프로젝트, p.148.

3 항암식탁 프로젝트, p.103.

삼겹살은 암 발생의 위험도를 높이는데 충분한 관련성이 있다. 그러므로 특히 직화구이와 탄 삼겹살은 피한다. 그리고 삼겹살의 섭취는 일주일에 1~2회로 제한한다.

장조림의 주재료인 육류 및 붉은 육류는 대장·직장암의 위험도를 높인다. 또한 장조림에는 불포화지방산과 포화지방산이 함유되어 있다. 동물성지방의 경우, 암 유발 위험도를 높이므로 동물성지방섭취량은 총 열량 섭취량의 14% 이내로, 또는 포화지방산의 섭취량이 하루 30g 이내에서 장조림을 섭취하도록 한다.

생선에 함유된 어유는 대장암의 발생 위험을 낮추는 것으로 보이지만, 기타 암과 관련된 연구결과는 충분하지 못하다. 어유는 대장암을 예방할 수 있으나 아직 역학적인 증거가 불충분하다. 때문에 어류구이 및 조림의 섭취를 권장할 수 없다. 생선을 직화구이 할 때 발암물질이 생성되므로 조리법에 유의해야 한다. 또한 생선을 염장하는 경우에도 발암물질이 생성되므로 염장법은 피하는 것이 좋다.

우유 속의 칼슘은 전립선암 발생을 높이나 대장암과 유방암 발생은 억제하는 양면성을 가지고 있다. 공액리놀레산 및 지방산 등의 연관관계로 볼 때 우유의 섭취가 특정부위의 암 발생에 직접적인 영향을 미치는지에 대한 연구는 충분치 않다. 여자는 우유를 섭취하면 골다공증 예방과 대장암, 유방암, 난소암을 예방한다는 차원에서 적극 권장한다. 반면, 중년 이후 남자는[4] 전립선암 위험이 높아진다는 점에서 하루 두 컵 이상은 섭취하지 않는 것이 좋다. 그러나 흡연자라면 폐암발생 억제측면에서 섭취를 권장한다. 과량의 우유섭취는 과량의 에너지와 동물성지방을 공급하게 되어 암 발생에 영향을 줄 수 있으므로, 적당한 양의 칼슘을 공급할 수 있을 정도의 저지방우유를 섭취하도록 한다.

유산균과 요구르트의 암 예방효과에 대한 연구들이 있지만, 결론을 내리기에는 증거가 불충분하다. 장의 건강을 위해 섭취하는 것은 좋지만, 과량 섭취했을 경우 열량과 총지방의 섭취량이 증가할 수 있으므로 저지방요구르트를 선택하는 것이 바람직하다.

4 항암식탁 프로젝트, p.109.

3) 기호식류

감귤류는 비타민 C, 비타민 A 등의 항산화영양소의 주요급원으로, 암 예방효과가 있고, 귤은 100g당 44mg의 비타민 C를 함유하고 있으므로 암 예방식품으로 섭취를 권한다.

감에 함유된 타닌산 섭취와 암 발병 위험성과는 증거가 불충분하나, 비타민 C 섭취 차원에서는 충분히 권장할 만하다.

사과 섭취는 대장암 예방에 도움이 될 수 있다. 껍질째 함께 섭취하는 것이 가장 좋다. 2배의 영양소를 섭취가 가능하다.

포도나 포도 가공제품에 함유된 '레스버라트롤', '프로안토시아니딘'은 암 발생을 억제한다. 플라보노이드는 대장암, 유방암, 피부암 등의 발생을 억제하는 효과가 있다.

토마토의 섭취는 전립선암 예방 가능성이 있다. 라이코펜, 베타카로틴이 암을 예방한다는 미약한 관련성이 있다. 가공 형태에 따라 효과가 달라지므로 가공 상태보다는 신선한 상태로 섭취하는 것이 바람직하다.

견과류는 여성의 대장암 위험도를 낮춘다. 비타민 E는 유방암, 난소암의 감소와 관견성이 있다. 셀레늄도 폐암의 위험도를 낮춘다. 하루 평균 10g 정도를 권장한다. 흡연자는 하루 50g 정도 추가적으로 먹도록 한다.

커피에 존재하는 생리활성물질들에서 암 예방효과가 관찰되었지만, 반대로 방광암의 발생 위험을 높인다는 부정적인 관련성도 있다. 하루 두 잔 이상의 커피섭취 시 위암발생 위험이 높아진다는 결과도 있으므로 과량섭취는 피한다. 또한 너무 뜨거운 커피도 주의를 하는 것이 좋다.

탄산음료에 함유된 설탕과 커피에 함유된 카페인이 암 발생에 직접적인 영향을 준다고 결론지을 수 있는 실험연구는 충분하지 않다. 그러나 고도의 설탕이 들어 있는 음료는 대장암 및 췌장암 발생위험이 있다.

녹차 또는 녹차성분은 동물실험에서 대장암, 폐암, 피부암, 유방암의 발생을 억제한다는 증거가 충분하다. 구강암의 발생도 억제한다. 위암과 전립선암의 발생도 억제한다. 그러나 다량의 녹차섭취와 장기복용은 불면증, 칼슘손실 등 건강문제가 발생할 수 있으므로 주의해야 한다.

맥주, 소주, 포도주 등의 알코올은 구강암, 후두암, 식도암, 간암, 대장암, 유방암, 폐암발생의 위험을 높인다. 알코올은 엄격한 섭취제한이 필요하다. 남자는 하루 2잔, 여자는 하루 1잔(알코올 농도가 10~15g 포함된 분량) 정도이다. 그러나 적포도주는 암 예방을 위해 권고하기에는 증거가 부족하나, 남성의 경우 적절한 적포도주의 섭취는 암을 예방할 수 있다.

04 페스코 밥상[5]

실생활에서 흔히 겪는 건강문제들에 비해 우리의 능력으로는 어쩔 수 없는 끔찍한 대참사가 일어날 확률은 상대적으로 매우 낮다.(표 12.3 참조)

표 12.3 막연한 공포심과 실질적인 위험도

우리가 두려워하는 위험요소들	실질적인 위험도
테러리스트의 공격으로 인한 사망	1/280,000,000
비행기 추락사고로 인한 사망	1/3,000,000
번개로 인한 사망	1/350,000
자동차사고로 인한 사망	1/7,000
오염된 음식으로 인한 사망	1/7
심장질환으로 인한 사망	1/4
비만으로 인한 사망	1/4
암으로 인한 사망	1/3
흡연으로 인한 사망	1/2

비만으로 고통을 겪는 사람들은 과체중으로 인해 발생하는 여러 병들로 인해 생(生)을 마감할 확률이 비행기 추락사고로 죽을 확률보다 거의 100만 배 이상 높다. 또한

5 리차드 블리뷰, 데니스 진그래스 지음, 오홍근 번역 및 감수, 『내 몸의 독소를 없애는 페스코 밥상』, 한언, 2006, 페스코밥상 : 채식에 생선까지 포함한 밥상, 오홍근(전주대학교 대체의학대학 학장, 2006년 현재 대체의학회 이사장)

일생에 걸쳐 번개에 맞아죽을 확률보다 암에 걸릴 확률은 5만 배 이상 높다. 만약 흡연이 더해진다면 이 확률은 훨씬 더 높아진다. 이처럼 우리가 직면하는 모든 위험 가운데 암은 최고로 위협적이라고 해도 과언이 아니다.

최근 시행된 설문조사에 참여한 사람들 중 89%가 유전적으로 암 발병률이 굉장히 높은 사람들만이 암에 걸린다고 믿고 있었다. 게다가 80%의 사람들은 비유기농작물 Non-organically Grown Food에 남아있는 농약 잔여물이나 산업공해와 같은 환경적 요인들이 암에 중요한 영향을 미친다고 생각하고 있었다. 92%의 사람들은 담배와 암을 연관시킨다. 그러나 식생활이 암 발병에 굉장히 중요한 영향을 미친다는 사실을 알고 있는 사람들은 50%도 채 되지 않았다.

일상적인 식생활이 암, 특히 소화기 암 발병의 중요한 원인[6]일 것이라는 의심은 오래 전부터 제기되었다. 식생활 개선으로 위암과 결장암은 90%, 유방암, 췌장암, 담도암 그리고 자궁체부암 등은 50%, 폐암, 후두암, 방광암, 자궁경부암, 구강암, 인두암 등은 20%가 예방할 수 있다. 우리나라 사람에게는 41%로 산출되었다고 하여 암 예방을 위한 식생활지침의 효용성도 다른 나라보다 높다고 한다. 대한암협회는 주로 한국인이 많이 먹는 음식으로 암 예방 식사지침을 마련했다.(표 12.2 참조)

 최근의 암 치료법

다른 질병과 달리 암 치료에는 어떤 보편적인 방식도 존재하지 않는다. 암의 종류, 종양의 크기, 몸 안의 위치뿐만 아니라 특정한 단계에서 나타나는 세포의 특징들과 환자의 전체적인 건강상태까지 이 모든 변수들이 환자에게 적합한 치료전략을 구상하는 데에 중요한 역할을 하기 때문이다.

일반적으로 암 치료에는 3가지가 있다. 외과수술과 방사선요법, 화학요법에 의한 종양제거이다. 최근에는 일반적으로 사용되는 치료방법은 외과수술이고, 남아있는

6 대한암협회, 한국영양학회 지음, 『항암식탁 프로젝트』, 비타북스, 2009, pp.7~9.

암세포들을 제거하기 위해 방사선요법과 화학요법을 같이 이용한다.

① 외과수술은 암과 싸울 때 이용됐던 첫 번째 무기였다. 외과수술의 목표는 종양 전체를 제거하는 것이다. 특히 종양이 한 곳에 모여 있고, 초기에 발견된다면 외과수술을 주로 이용한다. 하지만, 외과수술의 한계는 모든 암세포를 제거할 수 없다는 것이다. 특히 작아서 탐지 불가능한 종양을 포함한 미립자들은 외과수술로는 제거 할 수 없다.

② 방사선요법은 엑스레이나 감마선을 이용해서 암세포를 파괴하는 것이다. 방사선요법은 파생되는 방사물이 일반세포도 죽일 수도 있기 때문에 가능한 한 정상적인 세포들은 보호하기 위해 정확히 탐지된 위치에서만 적용되는 국지적인 치료법으로 일반적으로 이용되는 치료법이다.

③ 화학요법은 암환자들에게 가장 큰 공포를 불어 넣는 치료방법이다. 환자들에게 고통을 줄 수 있는 요소들이 많기 때문에 부정적인 방법으로 알려져 있다. 그러나 많은 부정적인 요소들에도 불구하고 이 방법은 암 전문의들이 매우 유용하게 사용하는 치료법이다. 그 이유는 정맥주사를 통해 조직체에 흩어져 있어 외과수술이나 방사선요법으로는 치료가 불가능한 암세포까지 약물을 투여할 수 있기 때문이다. 화학요법에 이용되는 약은 세포의 재생산을 억제함으로써 그들을 죽이는 매우 강력한 세포독약이다. 암세포는 종종 보통의 세포보다 더 많이 재생산되기 때문에 화학요법은 건강한 세포에 최소한의 영향을 미치는 한도에서 암세포의 박멸을 가능하게 한다. 화학요법의 가장 큰 실패는 약물이 건강한 세포들을 중독시킬 수 있다는 것이다. 면역세포와 혈소판 문제, 빈혈, 구토, 위점막염증 등의 소화문제와 탈모증 등은 약물로 인한 부작용의 일부분이다. 종양치료에 이용되는 어떤 화학요법들은 환자의 DNA를 변이시키기도 한다. 이런 약들은 발암물질로 바뀔 수 있고, 장기간에 걸쳐 암 발병의 위험도를 더욱더 증가시킨다.

④ 영양요법식생활을 통한 암 예방법, Nutratherapy은[7] 자연적으로 발생하는 암세포를 억제하기 위해 음식에 포함된 암 예방 미립자들을 이용하는 화학요법과 유사하다. 식

> 생활을 통한 암 예방은 대안치료법이라기보다는 모든 사람들이 암 예방을 위해 이용할 수 있는 일종의 보완치료법이다. 과일과 채소의 규칙적인 섭취는 미세한 종양들이 병리학적 결과를 가지는 단계까지 진전되지 않도록 억제하고, 결국 암을 예방하는 일종의 독성 없는 화학요법이다.

이런 암 예방법은 우리가 종양의 위험에 노출될 때나 음식에 포함된 미립자들을 암 예방요소로 이용할 때 특히 중요하다. 개개인 사이에 나타나는 상당히 큰 유전적 차이는 식생활을 통한 암 예방법의 중요성을 일깨우는 또 다른 요인이다.

모든 인간은 거의 같은 유전자를 가지지만, 그럼에도 불구하고 이런 유전자들에는 상당히 많은 변수들이 존재한다. 이런 변수들은 개개인을 특징짓는 중요한 역할을 한다. 이런 차이들은 개개인 사이의 신체적 차이를 야기할 뿐만 아니라 특정인에게는 발암물질에 의해 보호능력을 저하시킬 수도 있는 유전자 변화를 야기한다. 비록 유전적으로 전달될 수 있는 암의 비율은 낮지만, 많은 유전적 요인들이 특정인의 경우에 훨씬 더 감염되기 쉬운 암 발병을 야기할 수 있다. 이런 사람들은 암 예방 미립자들이 포함된 음식들을 적극적으로 섭취함으로써 스스로를 보호해야 한다. 이런 개념은 상하이에서 주도된 연구결과에 의해 명확하게 설명된다.

연구결과에 따르면, 독성억제요소들을 제거하는 역할을 하는 두 가지 중요한 효소가 부족한 사람들은 만약 그들이 식생활을 통해 필수적인 채소를 섭취하지 않는다면, 폐암발병의 위험도가 3배 이상 높은 것으로 나타났다. 반대로, 같은 변이가 나타나지만 필수적인 채소를 충분히 섭취한 사람들은 보통의 다른 사람들과 비교해서 암 발병 위험도가 줄어드는 것으로 나타났다. 이런 관찰은 식생활이 특정인들에게서 나타나는 암 발병의 가능성을 증가시키는 유전적 무질서의 영향을 얼마나 줄일 수 있는지를 보여준다.

암 예방에 효과적인 채소들을 언급해 본다.

7 리챠드 블리뷰 · 데니스 진그래스 지음 · 오홍근 번역 및 감수, 『페스코 밥상』, 한언, 2006, p.82.

① 토마토

토마토의 붉은 색을 내는 리코펜은 전립선암을 예방하는 속성이 있다. 토마토를 특히 즐겨먹는 남부이탈리아와 그리스의 경우, 심혈관계 질환과 전립선 암 등 식습관과 연관된 암의 발생률이 현저하게 낮은 것으로 조사됐다.

② 양배추

올리브, 요구르트와 함께 서양의 3대 장수식품으로 꼽히기도 하는 양배추는 일상생활에서 흔히 볼 수 있지만 풍부한 영양가치를 지니고 있으며, 전립선암과 대장암의 예방에 특히 효과적이다.

③ 마늘과 양파

타임Time은 마늘을 10가지 건강식품[8] 중 하나로 선정했으며, 미국립암연구소는 항암작용을 하는 48개 식품 중 마늘을 첫째로 꼽았다. 마늘은 콜레스테롤을 합성하는 효소를 억제하고 나쁜 콜레스테롤인 LDL을 줄이고 좋은 콜레스테롤인 HDL을 증가시켜 콜레스테롤 수치를 낮추는가 하면, 혈소판의 응집과 혈액응고를 억제하여 혈전을 방지해 피를 맑게 하는 작용을 한다. 한 역학조사에 따르면, 마늘을 포함한 파속과(부추, 양파, 파)를 많이 먹으면 위암 발생률이 현격히 감소하며 마늘 소비량에 비례하여 대장암 발생률이 감소한다고 한다. 또 이 파 속과 식물들은 발암물질의 대사를 막고 해독하는 효소를 다량함유하고 있어 발암물질의 독성을 줄이며 DNA의 손상을 막아준다.

④ 콩

콩의 암 예방 미립자인 이소플라본은 성 호르몬의 구조와 유사한 형태를 보이며, 호르몬의 높은 활동성 때문에 발생하는 암세포의 성장을 억제할 수 있다. 호르몬 의존성(유방암, 전립선암) 암의 발병률 차이는 콩을 기본으로 하는 아시아인들의 식생

8 〈Time〉 선정 10대 건강음식 : 토마토, 시금치, 견과류, 브로콜리(양배추), 귀리(보리), 마늘, 녹차, 포도주, 연어(고등어), 블루베리(가지)

활 때문이라고 할 수 있다. 콩의 암 예방효과를 최대한 얻기 위한 방법은 매일 50g의 콩을 섭취하는 것이다.

⑤ 심황

심황의 뿌리에는 '커큐미노이드'라고 불리는 노란색의 '폴리페놀' 색소화합물이 0.5~6.5% 정도로 존재하는데, 그 주성분이 '커큐민'이다. 커큐민은 식도암과 관련된 주요한 단백질의 발현을 차단할 수 있으며, 피부암 등 다른 여러 종류의 암에서 종양세포를 죽일 수 있다는 것이 밝혀졌다.

⑥ 녹차

녹차잎의 '카테킨Catechin'은 폴리페놀류의 하나로 유해화학물질의 유전 독성과 돌연변이 유발성에 대한 보호역할, 암 발생 및 촉진과정과 연관된 종양인자의 활성을 감소시키는 역할을 한다고 보고되었다. 특히 카테킨의 한 요소인 'EGCG'[9]는 최근조사를 통해서 폐암, 간암, 위암 등 여러 암 발생과 진행을 억제한다고 한다. 녹차의 암 예방효과를 최대화하기 위해서는 녹차를 8~10분 정도 푹 끓이는 것이 좋다.

⑦ 베리류

복분자, 블루베리, 라즈베리, 딸기들은 대부분 암을 예방하는 풍부한 양의 '폴리페놀'을 포함하고 있다. 구강암, 식도암, 대장암의 발병률이 현격히 낮아졌으며, 베리류의 추출물은 혈관신생[10]을 억제함으로써 암의 성장을 막고 다른 장기로 암세포 전이

9 EGCG : Epigallocatechin Gallate, 차의 잎 성분 중 전체 카테킨함량 중에서 50~60%를 차지한다.

10 혈관신생 : 종양의 성장에서 필수적인 과정이다. 종양은 암세포로 성장하기 위해 산소와 영양소들을 지속적으로 공급받아야 한다. 산소와 영양소 부족을 스스로 인식하자마자, 암세포는 주변조직의 혈액순환 통로에 보내는 화학신호를 분비한다. 혈관과 혈관내피세포를 구성하는 세포들은 스스로 재생산하지 않지만, 이런 화학신호와 연결되면 상대적으로 활발하지 않은 지역에서부터 굉장한 속도로 재생산을 시작한다. 결국 이 세포들이 종양의 성장을 돕는다. 이런 방식으로 종양은 성장을 위해 필요한 산소와 영양소를 취하고 주변조직으로 퍼져나간다. 종양이 에너지를 공급받기 위해 새로운 혈관이 형성되는 현상을 '종양혈관신생'이라 부른다. 만약 이런 혈관의 생성을 막을 수 있는 어떤 요소가 있다면 그것을 이용해 종양의 성장을 멈출 수 있고 그것을 통제할 수 있다. 이 가설은 1971년 하버드대

를 억제하는 강력한 효능이 있음이 밝혀졌다. 베리류 과일을 요구르트와 함께 먹는 것을 추천한다.

⑧ 감귤류

레몬, 오렌지, 자몽, 만다린은 암 예방을 위한 필수식품이다. 감귤류에 포함된 미립자들은 암세포의 성장을 억제하고 식생활에 포함된 다른 항산화영양소 화합물들의 암 예방효과를 증진시키는 역할도 한다.

⑨ 적포도주

암을 예방하고 심장질환으로 인한 사망률을 줄이는 항산화영양소 화합물을 포함하고 있다. 적포도주에 함유된 레스베라톨[11]은 유방암이나 결장암, 식도암 같은 특정 암들의 발병을 억제하는 매우 강력한 암 예방 속성을 지니고 있다. 적포도주를 적당히 마시는 것은 가장 단순하면서도 즐겁게 암을 예방하는 방법이다. 레스베라톨Resveratrol은 레드와인 속에 많이 함유된 항산화성분으로 인슐린에 대한 저항성을 줄여 2형 당뇨를 예방할 수 있는 것으로 나타났다. 인슐린은 혈당을 조절하는 호르몬으로 인체가 이 같은 인슐린에 대한 감수성이 떨어질 때 인슐린에 대한 내성이 생기게 되는데, 이로 인해 2형 당뇨병이 발병한다.

⑩ 오메가3지방산

등푸른생선(고등어, 연어, 정어리 등)과 아마씨에 많이 들어 있는 지방산으로 염증을 유발하는 미립자들을 감소시키고, 종양세포 성장에 필요한 신생혈관의 형성을 억

의 외과의사인 유다 포크만에 의해서 밝혀졌다. 이 가설이 발표되자 새로운 혈관생성을 막음으로써 종양의 성장을 억제할 수 있는 약을 개발하기 위한 시도가 잇따랐고, 2004년에 혈관신생을 막는 아바스틴(Avastin)이라는 약이 처음으로 공개되었다. 종양에서의 혈관은 보통 조직에서의 혈관과는 매우 다르다는 점도 부각되었다. 혈관신생을 막음으로써 종양성장을 억제할 수 있다.

11 레스베라톨(Resveratrol) : 포도껍질이나 포도씨에 많이 들어있는데, 식물성 에스트로겐 중 항암활성이 가장 높아 호르몬 대체요법으로 시행되고 있다. 건포도에는 포도보다 레스베라톨의 함량이 더 높다. 알츠하이머질환 억제작용도 있다.

제시켜 유방암, 결장암, 전립선암의 발병을 막을 뿐 아니라 화학요법을 극대화한다.

⑪ 세로토닌

감정조절 등으로 평온한 마음을 만드는 뇌 속 물질로 충동적 성격을 만드는 엔돌핀, 도파민, 노르아드레날린 등의 호르몬 조절기능이 있어 일상의 행복을 느끼게 한다. 엔돌핀은 행복물질로 알려져 있지만 과잉되면 강력한 중독증상을 일으켜 충동을 유발하고 우울증과 자살 등 심각한 병리현상을 일으키기도 한다. 우울증 치료제로도 처방되는 '세로토닌'은 우울증 치료제로도 처방된다.

만성신장질환

CHAPTER 13

신장의 기능(노폐물제거, 혈압조절)

인체의 기관 중 혈액 내 대부분의 노폐물을 제거, 체내수분의 대사를 조절하고 혈압에 관여하는 나트륨, 칼슘, 인과 같은 미네랄과 영양물질들의 균형을 유지하며, 적혈구를 만드는데 필요한 조혈호르몬 등을 분비하는 기관이다. 그러나 신장은 문제가 발생해도 조기발견이 쉽지 않은 기관이기도 하다. 짠 음식과 국물음식을 주로 먹는 우리의 식습관 때문에 신장질환에 더 많이 노출될 위험에도 불구하고 자각증상이 없어 소홀하기가 쉽다.

1) 예방(싱겁게 먹고, 피로하지 않게)

만성신장질환은 수개월에서 수년 동안 천천히 진행되며, 초기에는 자각증상이 적어 모르는 동안 상태가 악화되는 일이 많으나, 대부분 소변에서 단백질이 검출되므로 정기적인 소변검사를 받으면 조기발견이 가능하다.

그러나 소변검사는 아주 예민하여 감기, 과로, 전날의 음주, 피로, 여성의 경우 생리에 의해 일시적으로 이상소견이 나올 수도 있다. 따라서 이상소견이 나왔을 때는 2주 정도 후에 다시 소변검사를 실시하여 정확한 진단을 받는 것이 좋다. 2차 검사에서도 계속해서 이상소견이 나오는 경우에는 병원을 방문하여 신장질환의 원인에 대한 정밀검진을 받아야 한다. 또한 평소 싱겁게, 영양적으로 균형 잡힌 식사를 하고 과로나 수면부족이 되지 않도록 유의하며, 건강한 생활습관을 유지하는 것이 신장질환을 예방하는 지름길이다.

2) 초기증상(거품뇨, 단백뇨, 가려움증)

신장의 기능이 정상의 60% 이하가 되는 만성신장질환이 생기면 체내의 독소를 걸러내지 못해 여러 가지 증상이 생기게 된다. 이는 피 속의 노폐물을 제대로 걸러내지 못해 요독이 몸속에 축적되어 이상을 초래하는 것이다. 이러한 만성신장질환의 초기

증상으로는 거품뇨가 있다. 이는 소변의 표면장력을 높여 거품이 쉽게 생기고 없어지지 않아 거품이 많이 남게 된다. 또한 신장질환의 초기에는 단백뇨가 나올 수도 있다.

그 외 만성신장질환 환자에서 흔히 나타나는 증상으로는 만성피로감, 무력감, 식욕감퇴 등이고, 더욱더 악화되는 경우 빈혈과 고혈압 등의 전신증상과 소화불량, 구토증 등의 위장증상, 수면장애, 정서불안, 두통, 기억력저하 등의 신경계증상, 성욕저하 등이다. 또한 면역기능의 저하, 근육쇠약과 관절이상이 발생하며, 요독의 축적으로 몸이 가렵고 피부가 건조해지고, 출혈 시 지혈이 잘되지 않게 된다. 얼굴이나 몸이 붓기도 한다.

3) 치료(초기, 중기는 약물적인 보존요법, 말기는 신대체요법)

만성신장질환의 치료는 말기신부전증으로 아직 진행되지 않았다면 신장기능이 나빠지는 속도를 최소한으로 줄이면서 요독증상을 최소화하는 약물적인 보존요법을 사용한다. 그러나 신장기능을 나타내는 사구체 여과율이 30% 미만으로 감소하면 신대체요법 치료를 구체적으로 교육받고 준비해야 한다. 사구체 여과율이 15% 이하로 감소하는 말기신부전증이 되면, 투석이나 이식과 같은 신대체요법 치료를 시작해야 한다.

보존요법이란, 신장기능 감소로 인해 발생되는 여러 가지 합병증들을 약물이나 식사요법으로 도와주는 것으로, 만성신장질환의 초기나 중기에는 보존요법으로도 많은 도움을 받을 수 있다.

4) 염분, 수분을 줄이는 식이요법은 약물치료와 함께 필수

신장은 음식물로부터 섭취된 노폐물과 수분을 배설하는 기능을 가지고 있다. 만성신장질환에서는 이와 같은 노폐물이 충분히 배설되지 못해서 혈액 속에 노폐물이 쌓이는 문제가 생긴다. 또한 식욕이 없다거나 과도한 식이요법에 의해 많은 환자들이 단백질 부족과 영양불량 상태를 보이고 있다.

식이요법 중 중요한 것 중의 하나가 염분과 수분의 섭취이다. 만성신장질환자에게 필요이상의 염분과 수분섭취는 신장기능의 약화는 물론 다른 심혈관계질환에 영향을 줄 수 있기 때문이다.

염분이 많이 함유된 음식은 국물과 찌개류이므로 ① 평소 먹는 국과 찌개의 양을 현재의 반으로 줄이는 게 좋고, 외식 시에는 얼큰한 국물이 있는 음식을 피하는 게 일상생활의 실천방법이 될 수 있다. ② 또한 너무 많은 단백질 섭취도 단백뇨를 늘리고 단백질 자체의 분해로 요독이 증가하기 때문에 좋지 않다. 따라서 단백뇨를 동반하는 만성신장질환자는 하루 적당량의 단백질 섭취, 저단백식이를 권장한다. ③ 또 진행된 만성신장질환자의 경우, 칼륨성분이 다량 함유된 과일주스나 과일과 채소 등의 과량섭취도 조심해야 한다. 칼륨이 너무 증가된 경우 근육마비나 호흡곤란, 심한 경우에는 심장마비가 올 수도 있다.

건강정보

고칼륨혈증 예방

1_ 껍질이나 줄기에는 칼륨이 많으므로 제거하고, 위쪽만을 사용한다.
2_ 식품을 충분량의 물에 2시간 이상 담가둔다.
3_ 식품을 건져 여러 번 헹군다.
4_ 채소는 그냥 먹기보다는 데치거나 삶아서 먹어야 하며, 이때 충분량의 물을 사용한다.
5_ 데쳐낸 물은 버리고, 필요하면 다시 물에 넣어 조리한다.

5) 신대체요법

만성신장질환의 신대체요법은 혈액투석 및 복막투석, 신장이식 등이 있다.

(1) 혈액투석

팔에 동정맥류 수술을 하여 혈액 내 요독을 투석하여 기계를 통해 인공적으로 걸러주는 것으로, 일반적으로 일주일에 3번 병원을 방문하여 투석을 받게 된다.

(2) 복막투석

복막 내에 투석용 작은 도관을 삽입하여 시행하는 투석으로, 집에서도 쉽게 할 수 있다. 일반적으로 약물과 투석액 처방을 위해 한 달에 한 번 정도 외래진료를 받게 된다.

(3) 신장이식

신장공여자 선정, 이식 후 거부반응 및 면역억제제 사용의 합병증 등의 문제가 따르지만, 성공적인 신장이식은 투석치료로부터의 해방은 물론 여러 만성신장질환 관련 합병증의 발생을 현저하게 줄여준다. 어떤 신대체요법이 가장 좋은지는 환자 개개인의 건강상태, 나이, 주위여건과 환경, 특히 심장과 혈관의 상태 등에 의해 우선적으로 치료방법이 선택될 수 있다.

02 신장을 보해주는 콩과 사골, 그리고 걷기

한의학에서 신장은 수(水)에 해당하는 장부이다. 온몸의 물과 액체를 관리한다는 의미이다. 여름의 지나친 열기는 온몸의 수액을 소모시키거나 상하게 한다. 그래서 여름에는 소변의 양이 줄고 질 부으며, 몸이 쉽게 과열되고 피부가 벌개지기도 한다. 이럴 때 신장을 잘 관리하면 더위를 쉽게 견딜 수 있다. 또 신장이 공포를 주관하는데, 공포가 신기(腎氣)를 자극하여 몸이 서늘해져 여름에 공포영화가 성행하는 것이다.

신장정(腎臟精)은 신장이 몸에서 가장 중요한 물질인 정을 만들고 모아놓으며, 신생수(腎生髓)는 골수를 만들고, 신주생장(腎主生長)하므로 생명을 키우고 자라게 하는 원천이 되는 장부인 것이다. 그래서 신장이 약하면 정력이 약하고 겉늙으며, 키가 잘 자라지 않고 정신이 안정되지 못하며, 지능이 떨어지고 심하면 불임의 원인이 된다. 또 신개규어이(腎開竅於耳), 이음(二陰)하여 귀의 기능을 주관하고 대·소변을 관장한다. 이런 까닭에 신장이 약하면 귀가 어두워지고, 소변을 지리고, 자주 보고, 대변이 일정치가 않다. 또 신주골(腎主骨)하여 뼈가 약하거나 쉽게 부러지고, 나이보다 일찍 골다공증같은 병이 생기며, 신주요(腎主腰)하므로 허리의 질병은 신장에서 문제가 많다.

잘 붓고, 정력이 약하며, 소변이 지리고, 나이보다 겉늙으며, 뼈가 약하고, 성장발육이 떨어지고, 뇌기능이 떨어지며, 별일도 아닌데 뼈를 다치거나 허리를 상한다면 신장에 병이 있는 것이다. 이런 증상이 있다면, 다음과 같이 실천해야 한다.

첫째, 콩 음식을 즐겨먹는다. 콩은 요즈음 지나친 육식의 폐단을 막아 줄 유일한 대안식품이다. 특히 국산의 신선한 콩으로 콩국수 등을 말아먹으면 더위도 가시고 신장도 보호해준다.

둘째, 뼈로 만든 음식을 많이 먹는다. 특히 한우사골이나 꼬리가 좋다. 기름만 제거하고 요리하면 좋다.

셋째, 많이 걷는다. 많이 걸으면 기운이 밑으로 내려가 정신도 안정되고, 허리와 뼈를 강하게 만들어 준다. 마지막으로 기운의 잔고를 축척한다.[12]

12 자료 : 김혁, 제마한의원 원장

골다공증

CHAPTER 14

일상적 생활인 걷기부터 전문적인 체조인 안마경기까지 모든 동작을 하기 위해서는 적당한 운동으로 뼈와 관절, 근육을 훈련시켜야 한다.

01 골다공증과 칼슘

칼슘은[1] 우리 몸에서 가장 많이 존재하는 무기질로, 주로 뼈와 치아에 들어있다. 뼈는 한 번 형성되면 콘크리트처럼 영구적인 것으로 생각하기 쉬우나, 사람이 사는 동안 계속 칼슘이 빠져나오고 다시 보충된다. 나이가 들어 칼슘이 부족하면 골다공증이 생기는데, 어렸을 때부터 칼슘을 많이 섭취해야만 나이가 들어도 골다공증을 예방할 수 있다.

최근 10대들이나 20~30대 젊은 여성들이 심한 다이어트를 하는 경우가 많다. 골격이 형성되는 시기에 지나치게 먹지 않으면 칼슘의 섭취가 부족하여 골다골증에 걸리기가 쉽다. 또한 아기를 낳을 때 허약아가 태어날 수도 있고, 산모 또한 노후에 칼슘부족으로 골다공증으로 인해 고생할 수도 있다.

칼슘은 꼭 필요한 영양소이며, 우리 몸에서 많은 일을 한다. 관절을 염증으로부터 보호하고 근육의 수축을 돕는다. 또한 신경에서 뇌의 작용을 돕고 혈압을 정상으로 유지해 주며 대장암의 위험도 줄여준다.

우리 몸은 30대 초반까지는 남는 칼슘을 저장한다. 이 30대 초반은 골밀도가 최고로 되는 때이다. 그러나 그 후에는 더 이상 칼슘을 저장하지 않는다. 그러므로 음식을 섭취하여 칼슘을 얻어야만 한다. 그렇지 않으면 그동안 비축해둔 칼슘을 다 써버리게 된다. 뼛속에 있는 칼슘을 써버리기만 하다면 뼈는 점점 약해지고, 결국은 속이 비게 되어 작은 충격에도 골절되고 만다. 더군다나 뼛속이 비는 시기가 너무 잦다보면 칼슘이 부족해져 뼈를 완벽하게 만들지 못한다. 인대와 연골, 신경이 새롭게 만들어져 아무리 건강하다해도 뼈가 불완전하게 닳아버리면 관절염을 피할 수가 없다.

1 이원종, 『위기의 식탁을 구하는 거친 음식』, 랜덤하우스중앙, 2004, pp.93~94.

사람에게서 칼슘의 하루 권장량은 성인의 경우 700mg이고, 청소년기에는 800mg, 임신기간에는 1,000mg, 수유부의 경우는 1,100mg이다. 이러한 칼슘이 많이 들어 있는 식품으로는 우유, 멸치, 치즈, 요구르트, 굴, 조개 등 동물성식품과, 브로콜리나 시금치 같은 녹색채소류, 콩, 두부, 참깨, 해조류 등의 식물성식품이 있다.

그러나 채식을 하다보면, 채식에 많이 들어 있는 식이섬유가 칼슘같은 무기질의 섭취를 방해하므로 다이어트 중에는 칼슘을 더 많이 섭취해야 한다. 또한 칼슘은 인과 상호의존적이어서 둘이 같이 있으면 흡수도 잘되고 활발하게 활동할 수 있다. 그러나 인을 지나치게 많이 섭취하면 칼슘과 결합하여 칼슘을 몸 밖으로 배출하게 하는 작용도 한다. 특히 청량음료에 들어 있는 인산은 인체에 들어가 칼슘과 결합하여 칼슘의 흡수를 방해하고 몸 밖으로 내보낸다. 인은 고기, 닭고기, 달걀, 콩류, 견과류, 도정하지 않은 곡물에 많이 들어있다.

02 골다공증과 운동

사람들은 여러 가지 이유로 운동을 한다. 체중감량을 목적으로, 기분이 좋아져서, 스트레스가 풀려서 하기도 한다. 그러나 운동을 하는 가장 큰 이유는 더 젊게 살기 위해서라고 생각한다. 적절한 운동은 남성의 경우 8년, 여성의 경우 9년을 더 젊게 살 수 있게 해준다. 물론 운동을 하는 가장 중요한 이유는 살을 빼고 체중을 유지하도록 돕는 것이다. 체형은 물론 건강과 관절에도 좋은 영향을 미칠 수 있다. 한 연구결과를 보면 몸무게 5kg을 뺀 여성의 경우, 골관절염의 위험을 50% 정도 낮출 수 있었다고 한다.

1) 근력강화운동

사람들은 저마다 다른 목적과 이유를 가지고 운동을 한다. 권투선수의 훈련 프로그램은 마라톤선수와는 다르다. 어떤 이들은 극한 스포츠를 통해 쾌감이나 명예, 만족을 추구하기도 한다. 하지만 그런 경우 노화로 인해 뼈와 관절, 근육이 쇠퇴하는 것을 예방할 수 없다. 어쩌면 더 심해질 수도 있다.

체육관에서 운동하는 사람들은 보통 두 부류로 나뉜다. 한 무리는 심폐기능을 향상시키는 기구를 사용하고 있고, 다른 한 무리는 역기를 드느라 여념이 없다. 전자에 속한 사람들은 근력운동을 하기에는 힘이 부치거나 마치 근력운동을 하면 헐크처럼 변할까봐 두려워할 수도 있다. 그러나 후자라 해도 그렇게 눈에 띄도록 근육에 변화가 생기는 것은 아니다.

근력운동은 나이나 등급에 상관없이 누구에게나 이롭다. 한 예로 근력운동은 근육량을 증가시켜 지방질보다 더 많은 칼로리를 소모하여 체중유지에 도움을 준다. 한편 근육을 강화시켜 좀더 기운찬 활동에도 도움이 된다. 사실 허리를 강화시키는 것이 허리통증에서 벗어나는 가장 좋은 방법이다. 근력운동은 대부분 뼈에 아주 이로운데, 골밀도를 유지하고 골다공증을 예방해주기 때문이다.

가장 좋은 골형성 근력운동은 자신의 신체를 저항으로 활용하는 것이다. 쪼그려 앉았다가 서기와 런지자세는 다리와 엉덩이 근육뿐만 아니라 허리근육을 강화시켜 요추염좌 예방에 좋다. 거기다가 상체운동과 복부운동을 더해주면 전체 몸의 안정화와 강화에 도움이 된다. 더군다나 근력강화운동은 날씬한 몸을 유지하는데 더할 나위 없이 좋다. 만약 근력강화운동을 하지 않는다면 10년마다 근육량의 5%씩을 잃어버리고 만다. 35세 이후에는 평균적으로 여성이 10년마다 1kg, 남성은 1.5kg씩 소실된다. 그러므로 근육이 늘어나면 에너지를 더 필요로 하므로 지방이 연소된다.

근력운동은 근육을 강화시킨다. 아울러 관절의 유연성을 증가시키고 뼈조직을 재형성하며 강한 근육이 붙어 있는 근골격계를 만들어 뼈와 관절에도 이득이 된다. 지구력강화운동을 함께 하면 몸이 전체적으로 강해진다.

2) 뼈를 강하게 만드는 음식

(1) 칼슘

가장 좋은 방법은 위에서 언급한 칼슘급원식품과 칼슘보충제를 먹는 것이다. 뼈를 젊게 유지하기 위해서 남성은 하루에 1,000~1,200㎎을 복용해야 한다. 그리고 60세 이하의 여성은 1,200㎎을 섭취해야 한다. 가장 좋은 것은 500~600㎎을 하루에 2번 정도 나누어 복용하는 것이다. 이는 대부분의 사람이 하루에 600㎎ 이상을 흡수하기가 어렵기 때문이다. 그러나 60세 이상의 여성은 뼈를 건강하게 유지하기 위해 순수하게 칼슘만 1,600㎎을 필요로 한다. 그러므로 여러 성분이 결합된 칼슘 보충제를 선택하고 있다면, 실제 칼슘의 양이 얼마인지 반드시 살펴야 한다. 한편, 땀이 나는 운동을 할 경우에는 30분씩 간격으로 100㎎을 추가해야 한다. 이는 칼슘이 땀으로 방출되기 때문이다.

우유나 치즈, 요구르트 등 유제품에는 칼슘이 많다. 하지만 문제는 대부분의 성인들이 최소한의 하루 칼슘 필요량을 얻을 만큼 음식을 먹지 못한다는 것이다. 그만큼의 칼슘을 유제품에서 얻으려면 저지방 또는 무지방 유제품을 먹어야 한다. 왜냐하면, 칼슘을 섭취하려다 포화지방산을 너무 많이 먹을 수 있기 때문이다. 포화지방산을 20g 이상 섭취하면 노화가 빨라진다. 또 포화지방산은 혈관에 염증을 일으키고, 면역장애나 암 발병 위험을 높이며 체중까지 증가시킨다. 나아가 뼈나 관절까지 무리를 일으킨다.

좋은 칼슘 보충제를 고르는 기준은 사뭇 까다롭다. 이러한 칼슘이 풍부한 음식으로는 녹색채소가 많다. 칼슘 보충제보다는 저지방우유 4잔을 선택해도 괜찮다. 철분 섭취는 일반적인 식사로도 충분하다. 만약 빈혈이 있어서 철분 보충이 반드시 필요하다면, 2시간의 시간차를 주고 복용하면 된다. 한 가지 더 주의할 것은, 제산제와 칼슘을 같이 먹는 것은 피해야 한다.

비타민 D와 마그네슘, 칼슘이 뼈로 들어가는 성분이라면 비타민 D는 운반책이다. 비타민 D는 칼슘의 흡수를 증가시켜 뼈를 강하게 유지되도록 칼슘을 효율적으로 운반하게 된다. 뼈의 건강에 필수적이라는 것 외에 관절에도 효과적일 수가 있다. 최근 연구에서는 마그네슘이 관절염의 진행을 늦춘다고 밝혀진 바 있다. 비타민의 농도가 높을수록 관절에 문제가 적게 일어난다. 비타민 D와 칼슘의 농도가 낮으면 나이가 들수록 관절염에 걸릴 위험이 3배 더 높다.

비타민 D는 보통 태양, 음식, 비타민보충제 등에서 얻을 수 있다. 태양은 비활성화

비타민 D를 활성비타민 D로 전환해준다. 그러나 대부분의 사람들은 필요한 만큼 햇빛을 보지 못한다. 그리고 너무 오랜 시간 태양에 노출되면 피부암의 위험이 높아진다. 게다가 자외선 차단제는 비타민 D 전환을 방해한다.

어류나 조개류에는 비타민 D가 많다. 우유나 100% 오렌지주스, 시리얼 등에도 비타민 D가 풍부하다. 그러나 대부분의 성인은 권장량을 채울 만큼 우유나 오렌지주스, 시리얼을 먹지 못하므로 보충제를 먹어야 한다. 60세 이하는 하루 비타민 D 400mg 단위, 60세 이상은 600mg 단위가 권장량이다. 그리고 마그네슘은 신경작용에서 칼슘의 효과를 조절하는데 도움이 되기 때문에 400~500mg 정도 먹으면 좋다.

(2) 오메가3지방산

오메가3지방산은 우리 몸 어디에서나 환영받을 영양소이다. 몸의 윤활유격이다. 연어나 참치같은 생선, 호두, 아마씨, 아보카도, 에키움유, 올리브유에 함유되어 있다. 오메가3지방산은 관절기능에 필요한 윤활제를 공급하는데 도움이 된다. 관절에 윤활제 역할을 하므로 늙어가면서 마모와 통증이 덜 생긴다.

오메가3지방산은 염증이 생긴 관절에서 염증을 줄여준다고 밝혀졌다. 그 결과 일주일에 2번씩 생선형태의 오메가3지방산을 섭취하라고 권장한다. 또 하나, 생선기름과 생선단백질은 무릎반달연골의 막을 재생한다. 만약에 무릎반달연골파열이나 만성무릎반달연골이상으로 고생한다면 생선을 자주 먹으면 좋다. 그러나 생선을 좋아하지 않는다면 생선기름 캡슐을 섭취해도 되는데, 3g정도가 일주일에 생선 1마리 반을 먹는 것과 같다. 그리고 증류과정을 거쳤기 때문에 혹여 생선에 있을 수 있는 불순물을 없앨 수 있다.

(3) 비타민 C

골다공증과 연관된 대부분의 연구가 비타민 D나 칼슘과 관련이 있지만, 실제로는 비타민 C의 역할을 눈여겨보고 있다. 비타민 C의 다양한 은력은 강력한 항산화효과에서부터 면역효과증대 등이다. 아울러 비타민 C는 노화에 따른 골다공증과 관련된 뼈손실, 연골결함을 예방해 준다. 특별히 관절재생 시 연골이 재생되는데 반드시 필요한 영양소이다. 그러기 위해서는 식사와 보충제를 함께 복용하면 하루 1,200mg의 비타민 C를 몸에 공급한다. 하지만 하루에 2,500mg 이상을 먹으면, 반대결과를 낼 수도 있고, 골관절염과 DNA이상을 초래하므로 주의해야 한다.

3) 골다공증 논문고찰

(1) 서울지역 대학생의 골밀도와 영향요인에 관한 연구[2]

골격은 신체를 지탱해주고 형태를 유지시켜주는 중요한 역할을 하는 부분이다. 이러한 골격은 연령이 증가하면서 매일 조금씩 소실되고, 소실된 만큼 새로 만들어지는 골흡수Bone Resorption와 골형성Bone Formation이 반복되어 골재형성Bone Remodeling이 활발하게 일어나는 대사기관이다.

골격은 성장기에 꾸준히 형성되어 성장이 끝난 후 최대치를 보이다가 연령이 증가할수록 골소실이 일어난다. 골질환을 포함한 골절의 발병은 크게 골격이 성장 및 보유기간동안 얼마나 축적이 잘되었는가와, 골소실이 어느 정도로 덜 일어나는가에 따라 좌우된다.

최근 우리나라에서는 노인인구가 증가하면서 노령화에 따른 골격대사의 이상 또는 칼슘대사의 불균형으로 인한 대표적인 질환인 골다공증Osteoporosis에 대한 연구가 진행되고 있다. 골격손실에 따른 대표적인 대사성 골질환인 골다공증은 골밀도의 감소로 특히 척추, 손목, 고관절 부위에 골절률이 증가하는 것이 특징이다.

골다공증은 그 자체가 문제가 되는 것은 아니나, 골절이 되면 일상생활이 불편해지고 생명이 위태로워질 수도 있기 때문에 관심을 가져야 한다. 우리나라의 경우 1998년 약 200만 명 정도의 골다공증 환자가 있고, 이 중 5~10만 명 정도는 골절을 일으키는 것으로 추정하고 있으며, 최근 몇몇 연구에서도 병원을 찾는 환자 중 많은 수가 골다공증이 발견된다고 보고되었다.

2 최순남 · 송창호 · 김상래 · 정남용, 서울지역 대학생의 골밀도와 영향요인에 관한 연구, 한국식생활문화학회지 21(6), 2006, pp.596~605.

골다공증의 유발요인은 다요인적이고 복합적인 것으로 알려져 있다. 즉 골밀도에 영향을 미치는 요인으로는 영양소의 섭취상태, 육체적 운동, 성별, 호르몬 등의 유전적, 환경적 요인이 알려져 있는데, 식이내용이나 영양적 요인 중 칼슘결핍이 골격손실에 크게 관계한다고 보고되고 있다.

골질환의 하나인 골다공증은 그 발생빈도가 점차 증가하고 있으므로, 사회적 · 의학적으로 많은 관심을 갖는 중요한 국민보건 문제로 대두되고 있다. 골절의 위험은 남성보다 여성의 경우 더욱 심각하여, 50세 이후 골절이 발생할 위험률은 남성에서 13%, 여성에서 40%가량 된다고 한다.

이러한 추세에 의해 골밀도와 관련된 연구는 주로 여성, 폐경기여성이나 노인을 대상으로 한 연구가 대부분이며, 젊은 대학생의 골밀도에 관한 연구는 거의 없는 실정이다. 여기서는 대학생을 대상으로 골밀도를 조사하여 영양개선 및 영양교육의 기초자료로 제공하고자 서울지역 대학생 남자 231명, 여자 335명을 대상으로 성별, 연령, 식사의 형태, 식사의 규칙성, 간식, 야식, 과식과 그 이유, 편식, 식사 소요시간, 운동빈도, 운동시간, 배변 등에 대해 자기기입식으로 기입하도록 하였다.

조사대상자를 비만도 측정기로 신장, 체중, 체질량지수(BMI), 혈압, 골밀도를 측정하였으며, 모든 통계처리는 SAS통계를 이용하였다.

신체계측치 및 체질량지수, 혈압수치는 평균과 표준편차로 나타내었고, 설문지조사에 의한 결과는 빈도수와 백분율로 나타냈으며, 표시한 자료의 유의성검증은 Chi-square Test를 이용하여 분석하였다. 두 집단 간의 신체 계측치 및 골밀도 측정치 사이의 유의성 검정은 t-test를 이용하였으며, 골밀도와 제변수들 사이의 상관관계는 Pearson's Correlation Coefficient(r)로 유의성검증을 실시하였다. 통계적 유의도 표시는 $***p<0.001$, $**p<0.01$, $*p<0.05$로 하였다.

(2) 그 결과는 다음과 같다

① 조사대상자의 골밀도 상태를 정상, 골감소증, 골다공증 3군으로 분류하였을 때, 골밀도가 정상인 경우는 남학생 74.5%, 여학생 41.8%, 골감소증은 남학생 24.2%, 여학생 55.5%이었으며, 골다공증은 남학생 1.3%, 여학생 2.7%였다.[3]

② 남학생에서는 골밀도와 영향요인과의 유의적인 상관관계가 나타나지 않았으며, 여학생에서는 골밀도와 신장, 체중, 제지방량, 체지방률, BMI에서 유의적인 양의 상관관계가 나타났다.

③ 식습관을 조사한 결과, 규칙적으로 식사를 하는 경우는 남학생 38.5%, 여학생은 23.3%이었으며, 아침을 매일 먹는 남학생은 40.7%, 여학생은 34.9%이었다. 간식은 하루에 한두 번 한다는 경우가 남학생이 45.0%, 여학생이 56.7%로 여학생이 높았으며, 야식은 가끔 섭취한다가 남학생이 52.4%, 여학생 52.2%로 비슷하였다.과식의 정도는 자주한다가 남학생 6.5%, 여학생 10.8%이고, 가끔 한다가 남학생 60.2%, 여학생 61.5%이었다. 편식은 전혀 하지 않는다가 남학생은 50.2%, 여학생이 37.6%로 나타나 남학생의 비율이 더 높게 나타났다. 식사시간은 10분 이하가 남학생 29.4%, 여학생 11.6%로, 10~20분이 남녀 대학생 각각 59.7, 69.0%로 높은 응답률을 나타내어 비교적 식사시간이 빠른 것으로 조사되었다.

④ 운동빈도는 매일운동을 하는 경우는 남학생 12.65%, 여학생 3.2%, 주 4~5회 운동한다는 남학생이 18.2%, 여학생이 7.8%이었다. 운동시간은 30~60분인 경우 남학생 42.9%, 여학생 40.0%로, 30분 이하의 경우는 남학생 21.2%, 여학생 46.3%로 여학생이 전반적으로 운동시간이 짧게 나타났다. 배변의 횟수에서는 주 7회 이상인 경우 남학생이 58.9%, 여학생은 26.8%이었고, 주 5~6회인 경우는 남학생 22.5%, 여학생 31.9%이었다. 배변과 건강과의 관련성에 관해서 관련성이 있다는 응답이 남·여 대학생 각각 96.5, 93.4%로 높은 응답률을 보였다.

⑤ 골밀도 BQI값과 몇 가지 요인들과의 상관관계는 보았을 때 남학생은 아침식사 및 운동빈도와 유의적인 양의 상관관계를 보였으며, 유의적이지는 않았으나 식사규칙성, 간식, 야식과는 음의 상관관계를, 아침식사, 과식, 편식, 운동시간과는 양의 상관관계를 보였다. 여학생은 운동빈도와 유의적인 양의 상관관계를 나타냈으며 유의적이지는 않았으나 아침식사, 야식, 편식과는 음의 상관관계를, 식사규칙성, 간식, 과식, 운동시간과는 양의 상관관계를 보였다.

3 남학생의 평균 BQI(Bone Quality Index)값은 99.6, 여학생의 평균 BQI는 82.7로 표준치보다 낮았다.

4) 칼슘강화 식단개발 논문고찰

(1) 고령소비자를 위한 칼슘강화 식단개발4

최근 우리나라는 경제성장으로 전반적인 생활수준이 향상됨에 따라 의료시설이 확충되고 영양상태 및 생활환경이 개선됨에 따라 국민의 평균수명이 높아졌으며 그 결과 노인인구의 비율이 점차 증가하고 있다. 인간수명이 연장된다는 것은 어떤 면에서는 바람직한 일이나 많은 노인들이 만성질환을 앓으면서 건강을 유지하지 못할 때 오히려 삶의 질이 저하될 수 있으며, 국가의 의료비지출에도 막대한 영향을 끼치게 된다.

우리나라 노인의 영양실태조사에 관한 많은 연구에서는 전반적으로 당질위주의 식품섭취와 영양권장량에 비해 총에너지, 단백질, 칼슘, 비타민의 절대적인 섭취량 부족이 지적되었는데, 노인식단작성 시 전체 열량가보다는 식품에 얼마나 많은 필수 영양소들이 포함되어 있는가를 우선적으로 고려해야 한다. 또한 면역성이 저하된 노인에게는 무엇보다도 음식의 위생과 안전이 보장될 수 있어야 하겠으며, 이를 고려한 고령소비자용 음식의 연구와 개발이 요구된다.

한편, 칼슘은 우리나라 사람들이 부족되기 쉬운 무기질의 하나로, 폐경기여성과 노인들에게 있어 칼슘의 섭취는 특히 강조되고 있다. 칼슘은 인체 내 가장 많이 존재하는 무기질로서 99% 이상이 뼈와 이에 들어 있고, 나머지 1%는 혈액을 포함한 세포외액에 분포되어 있다. 혈청 내 수준이 좁은 폭으로 유지된다는 사실 때문에 특히 그 중요성이 강조되고 있다.

고령화사회에 진입한 시점에서 이처럼 노인에 관한 연구가 활발히 진행되고 있지만, 고령소비자를 위한 식단개발은 미흡한 실정이다. 따라서 일반적으로 부족하며 또한 흡수율도 낮은 칼슘을 강화하여 맞춤형 기능성 식단을 개발하고, 이 · 화학적인 특성을 연구하여 이용도를 증대시킬 수 있는 기초자료를 제공하고자 한다.

칼슘강화 식단은 고령소비자를 대상으로 설문조사를 실시하여 높은 선호도를 보

4 김혜영 · 공희정, 고령소비자를 위한 칼슘강화 식단개발, 한국식생활문화학회지 21(6), 2006, pp.670~678.

인 음식을 바탕으로 개발하였다. 모든 식단메뉴는 1인용 기본식단을 우선으로 정하였고, 성인 환산치를 기준으로 하여 계산된 노인의 1일 열량을 계산하였다.

- 식단 1은 고춧잎을 중심으로 보리밥, 무국, 꽁치조림, 배추김치, 참외로 구성하였고, 칼슘이 19.9% 증가하였다.
- 식단 2는 새우를 중심으로 잡곡밥, 순두부찌개, 무생채, 배추김치, 바나나로 구성하였고, 칼슘이 13.6% 증가하였다.
- 식단 3은 멸치를 중심으로 강낭콩밥, 달걀파국, 돼지고기완자전, 배추김치, 액상요구르트로 구성하였고, 칼슘이 9.8% 증가하였다.
- 식단 4는 미역을 중심으로 차조밥, 닭고추장볶음, 숙주나물, 배추김치, 호상요구르트로 구성하였고, 칼슘이 12.6% 증가하였다.
- 밥에 대한 기호도는 식단 2의 잡곡밥이 유의적으로 모든 항목에서 가장 높은 기호도를 나타냈다.($p<0.05$) 모든 식단이 4점 이상의 높은 기호도 점수를 나타냈으며, 이는 노인들의 기호도에 관한 선행연구를 바탕으로 식단을 개발했기 때문인 것으로 사료된다.

Health & Well-being
Management of Dietary Life

식품알레르기 질환

CHAPTER 15

"난 ○○만 먹으면 알레르기가 생겨!"

성인 3명 중 1명은 이렇게 생각한다. 식품알레르기를[1] 절대 가볍게 여겨서는 안 된다. 드물지만 극소량의 알레르기 유발식품에 노출된 뒤 생명을 잃기도 한다. 아토피성 피부염에 걸린 어린이의 35%, 천식어린이의 10%는 원인이 식품알레르기이다.

식품알레르기는 유전적 소인(가족력)이 있다. 대표 건강식품이면서도 유난히 알레르기를 잘 일으키는 식품들이 있다. 국내조사에서는 달걀(10%), 우유(10%), 콩(1.9%), 땅콩(1.5%) 등이 흔한 알레르기 유발물질로 밝혀졌다.

식품의약품안전처는 달걀 등 가금류의 난류, 우유, 메밀, 땅콩, 대두, 밀, 고등어, 게, 새우, 돼지고기, 복숭아, 토마토 등 12개 식품이 든 가공식품에 대해 이를 라벨에 의무적으로 표기하도록 했다.

01 알레르기 유발식품 확인법

혈액검사나 피부반응검사를 통해 몸 안에서 높아진 항체(특히 lgE)의 농도를 확인한다. 의심이 가는 식품을 증상이 사라질 때까지 회피한 뒤, 다시 섭취했을 때 증상이 재발하는지를 확인하면 된다.

알레르기 유발식품

기본적으로 모든 식품이 알레르기를 일으킬 수 있지만 달걀, 우유, 유제품, 생선 등이 가장 흔한 원인이다. 어린이에게 흔히 알레르기를 일으키는 식품은 달걀, 우유, 갑각류(새우, 게, 바닷가재, 달팽이, 조개류 등), 견과류, 밀, 땅콩, 콩(대두) 등이다.

1 박태균 식품의약 전문기자, 대표 건강식품 일곱 가지 내 몸에 안 맞으면 알레르기 일으켜, 중앙일보 2010. 1.11일자 S6면.

우유, 달걀, 콩 등에 대한 알레르기는 아이가 자라면서 해당식품을 섭취하지 않으면 다섯 살 무렵에 대부분이 사라진다. 반면 견과류, 땅콩, 갑각류에 의한 알레르기는 일생동안 지속하는 경향이 있다.

청소년, 성인에게 흔히 알레르기를 일으키는 식품은 생선, 메밀, 갑각류, 견과류 등이다.

1) 우유 등 유제품

유아의 약 2%가 우유 알레르기를 보인다. 장이 성인보다 미숙해 알레르기 유발성분에 더 민감하게 반응한다. 최상의 우유 알레르기 예방법은 첫돌까지 모유를 먹이는 것이다. 알레르기를 일으키는 단백질을 가수분해한 우유를 먹이는 것도 한 방법이다.

우유 알레르기를 보이는 아이에게 우유 대신 산양유, 염소젖을 먹이는 것은 별로 권할 만한 대안이 아니다. 이는 우유에 민감한 아이는 대개 산양유, 염소젖에도 예민하게 반응한다. 우유 알레르기는 아이가 2~4세가 되면 대부분 자연 치유된다.

또한 치즈에는 '티라민'이라는 알레르기 유발성분이 들어 있어 예민한 사람은 편두통을 일으킨다.

2) 달걀

달걀 알레르기도 주로 영 · 유아에게서 발견되는데, 증상은 얼굴이 붉어지거나 입술, 얼굴이 붓고, 심하면 목이 붓고 쌕쌕 소리를 낸다. 달걀 알레르기환자는 달걀이나 달걀 함유식품을 만지기만 해도 피부증상이 나타날 수 있다. 만 5세 이하, 또는 가족력이 있거나 아토피성 피부염을 지닌 아이가 달걀 알레르기를 갖기가 쉽다. 신종플루 백신, 계절성독감 백신 등을 맞는 것도 피한다. 백신제조에 유정란이 사용되기 때문이다.

3) 해산물, 등푸른생선

조개, 새우, 랍스타, 문어, 오징어, 낙지, 고등어, 꽁치 등 바다에 사는 패류, 갑각류, 연체류, 어류도 가끔 알레르기의 원인이 된다. 그럴 경우에는 해산물과 2m의 거리를 두도록 한다. 또한 냄새를 맡기만 해도 알레르기를 일으키기도 한다. 생선은 흰살생선보다는 고등어, 정어리, 꽁치 등 등푸른생선이 알레르기를 더 잘 일으킨다.

4) 밀

밀에 든 알레르기 유발성분은 글루텐이다. 글루텐은 보리, 귀리, 호밀에도 들어있다. 단 호밀, 보리, 귀리의 알레르기 유발능력은 밀보다 떨어진다. 밀 알레르기도 주로 영·유아에게서 문제가 된다. 나이가 들면 대부분 자유 치유된다.

밀 알레르기환자는 글루텐이 포함되지 않은 곡류를 산다. 글루텐은 식품첨가물로도 사용된다. 전문가들이 식품구입 시 라벨을 꼼꼼히 읽어보라고 강조하는 이유이다. 외식할 때는 자신이 알레르기가 있다는 사실을 알린다.

5) 콩

웰빙식품으로 알려진 콩도 알레르기를 일으킨다. 증상은 여드름, 두드러기, 비염, 천식, 아토피, 결막염, 설사, 가려움증 등 다양하다. 이들은 콩은 물론 된장, 간장, 청국장, 두부, 유부 등 콩 가공품, 콩나물, 콩가루, 콩기름을 이용해 튀긴 음식 등에도 민감한 반응을 보인다. 콩 알레르기도 3살이 지나면 대부분 자연 치유된다.

땅콩 알레르기는 사망까지 갈 정도로 심각한 증상으로 유명하다. '렉틴'[2]이라는 독

2 렉틴(Lectin) 콩류의 종자 등에 함유된 항영양인자의 하나이다. 적혈구를 응집시키는 작용을 나타내기 때문에, 일찍이 식물성 혈구응집소(Phytohemagglutinin; 약칭 PHA)라고도 하는 유독단백질에 대한 총칭이다. 그 후 이러한 유독단백질이 세포막의 특정한 당단백질이나 당지방질의 당사슬에 특이적으로 결합하는 것이 밝혀져, 결합의 특이성을 이용하여 특정한 당사슬 구조를 골라낼 수 있기 때문에 렉틴(골라낸다는 의미)이라고 부르게 되었다.

성알레르기 유발성분이 들어있다. 땅콩 알레르기환자는 대부분 콩 알레르기를 함께 가지고 있다.

6) 견과류

호두, 아보카도, 밤 등 견과류도 알레르기를 일으킨다. 어릴 때는 물론 어른이 된 뒤에도 계속된다. 호두, 아보카도의 세로토닌, 티라민, 밤의 히스타민, 콜린 등이 알레르기 유발물질이다.

7) 과일

사과, 살구, 바나나, 체리, 키위, 멜론, 복숭아, 파인애플, 자두, 딸기, 배, 토마토 등 과일도 알레르기를 일으킬 수 있다. 과일 알레르기는 매우 드물며 증상도 가벼운 편이다. 알레르기 유발 과일은 먹지 않거나 껍질을 깎아서 먹고 조리해 먹는다. 이는 과일 알레르기의 주범인 단백질이 가열과정에서 변성되어 알레르기 유발력을 잃기 때문이다. 또한 농익은 오래된 과일은 알레르기 유발성분이 증가하므로 먹지 않는 것이 좋다.

 03 식품알레르기 대처법

최선의 대처법은 회피요법이다. 콩, 우유 등 영양소가 풍부한 식품이 알레르기 유발식품이라면 영양상 대체식품을 섭취한다. 특정식품 섭취 뒤 얼굴에 두드러기가 나타나는 등 가벼운 증상이 나타났다면 특별한 치료는 불필요하다. 조금 지나면 증상

강낭콩의 PHA(N-갈락토사민에 결합), 까치콩의 콘카나발린 A(D-만노오스에 결합), 소맥배아의 응집소(디-N-아세틸키토비오스에 결합), 대두, 땅콩, 피마자의 렉틴(D-갈락토오스, N-아세틸-D-갈락토사민에 결합) 등이 있다.

이 사라진다. 이때 항히스타민제를 복용하거나 피부진정용 크림을 바르는 것도 진정 효과가 있다. 가공식품의 포장지 라벨에서 자신에게 알레르기를 일으키는 식품이 포함되어 있는지 반드시 확인한다. 면역과 관련이 없는 식품 민감증으로는 대사이상 우유를 마실 때 설사를 유발하는 유당불내증, 식품 특이체질(MSG조미료 섭취에 대한 중국음식점 증후군), 유사알레르기 증상(상한생선 섭취에 의한 히스타민 중독), 아황산염 등 일부 식품첨가물에 의한 생체이상반응 등이 있다.

References

구수경 · 최해연, 홍삼양갱의 항산화활성 및 품질특성, 한국식품조리과학회지, 25(2), 2009.
구재옥 · 조 영 · 김영아 공저, 『현대인의 영양과 건강』, 한국방송통신대학교출판부, 2003.
김나영 · 윤덕인 · 이준열 공저, 『식품학』, 지식인, 2014.
김숙희 · 김우경 · 장영애, 『식생활과 건강』, 신광출판사, 1997.
김영덕, 『녹색은 건강이다』, 청송출판사, 2010.
김혜영 · 공희정, 고령소비자를 위한 칼슘강화 식단개발, 한국식생활문화학회지 21(6), 2006.
나가카와 유우조 지음 · 정인영 옮김, 『병을 치료하는 영양성분 가이드북』, 아카데미북,2003.
대한암협회, 한국영양학회 지음, 『항암식탁 프로젝트』, 비타북스, 2009.
댄 뷰트너 지음 · 신승미 옮김, 『세계장수마을 블루존』, 살림, 2009.
리챠드 블리뷰 · 데니스 진그래스 지음, 『페스코 밥상』, 한언, 2006.
마이클 로이젠 · 메멧 오즈 · 유태우 옮김, 『내몸 사용설명서』, 김영사, 2007.
문수재, 『개정 영양과 건강』, 신광출판사, 1995.
박태선 · 김은경, 『현대인의 생활영양』, 교문사, 2000.
서명자, 『약이 되는 좋은 먹거리』, 태웅출판사, 1998.
서정숙 · 이혜상 · 이심열 · 김경민 · 김복희, 『개정 식생활관리』, 신광출판사, 2010.
송병춘 · 홍희옥 · 맹원재, 『현대인의 식생활과 건강』, 건국대학교 출판부, 1999.
야스다 세츠코 지음 · 송민동 옮김, 『먹어서는 안 되는 유전자조작 식품』, 교보문고, 2000.
오명숙 · 이미숙 · 천종희 · 황인경 공저, 『영양과 식품』, 효일문화사, 1995.
월터 C. 윌렛 · 손수미 옮김, 웰빙푸드, 동아일보사, 2004.
윤덕인, 『녹색건강음식개발론』, 신광출판사, 2010.
______, 『식생활문화관리 - 건강과 식품영양』, 청송출판사, 2002.
______, 『전통식품개발론』, 청송출판사, 2006.
이원종, 『위기의 식탁을 구하는 거친 음식』, 랜덤하우스중앙, 2004.
이일하 · 이현옥 · 노숙령 · 안숙자 · 이복희 공저, 『인체영양과 건강』, 중앙대학교출판부, 1997.

최순남 · 송창호 · 김상래 · 정남용, 서울지역 대학생의 골밀도와 영향요인에 관한 연구, 한국식생활문화학회지 21(6), 2006.

최혜미 · 박영숙 지음, 『21세기 식생활관리』, 교문사, 2006.

풀무원식생활연구소 엮음, 『바로알고 바로먹자』, 형성사, 1993.

한영실, 『음식상식 백가지』, 현암사, 1999.